# 认识自我的 5 种方法

杨婧 编著

光明日报出版社

图书在版编目（CIP）数据

认识自我的 5 种方法 / 杨婧编著 . -- 北京：光明日报出版社，2012.1（2025.1 重印）
ISBN 978-7-5112-1890-2

Ⅰ.①认… Ⅱ.①杨… Ⅲ.①成功心理—通俗读物 Ⅳ.① B848.4-49

中国国家版本馆 CIP 数据核字 (2011) 第 225305 号

## 认识自我的 5 种方法

RENSHI ZIWO DE 5 ZHONG FANGFA

| 编　　著：杨　婧 | |
|---|---|
| 责任编辑：李　娟 | 责任校对：易　洲 |
| 封面设计：玥婷设计 | 封面印制：曹　净 |

出版发行：光明日报出版社
地　　址：北京市西城区永安路 106 号，100050
电　　话：010-63169890（咨询），010-63131930（邮购）
传　　真：010-63131930
网　　址：http://book.gmw.cn
E－mail：gmrbcbs@gmw.cn
法律顾问：北京市兰台律师事务所龚柳方律师
印　　刷：三河市嵩川印刷有限公司
装　　订：三河市嵩川印刷有限公司
本书如有破损、缺页、装订错误，请与本社联系调换，电话：010-63131930

| 开　　本：170mm×240mm | |
|---|---|
| 字　　数：200 千字 | 印　张：15 |
| 版　　次：2012 年 1 月第 1 版 | 印　次：2025 年 1 月第 4 次印刷 |
| 书　　号：ISBN 978-7-5112-1890-2 | |
| 定　　价：49.80 元 | |

版权所有　翻印必究

# 前　言
## PREFACE

在古希腊的德尔菲神殿上，刻着许多智者的名言，其中很醒目的一句是：你，了解自己吗？是的，我们真正了解自己吗？我们也许经常会这样扪心自问，然而，结果却只能是一个更大的问号。因为，人的内心世界是最复杂、最玄秘的，像浩瀚的海洋一样深邃，令人难以琢磨。

可是，作为一个人，如果连自己都不了解的话，又何谈获得事业的成功、家庭的幸福呢！具体地说，如果不了解自己，你的人生定位就难免失之偏颇，你的事业之舟也会找不到指引方向的灯塔，你的人际关系也就缺乏了稳定的根基……只有了解自己，才能认识到自己的优势与劣势，找准人生定位；只有了解自己，才会知道自己适合什么样的职业，从而获得事业的成功；只有了解自己，才能轻松编织人脉之网，使自己在人际交往中游刃有余……总的来说，只有了解自己，你才能为自己的人生制定一个切合实际、具体可行的目标或计划，然后，循着这个目标或计划，步入自己理想的人生轨迹。

著名的英国诗人济慈本来是学医的，后来他发现自己有写诗的才华，就当机立断，用自己的整个生命去写诗。他虽然只活了二十几岁，却为人类留下了不少不朽的诗篇。马克思在年轻时曾想做一名诗人，但他很快发现自己的长处其实不在那里，便毅然决然地放弃了做诗人的打算，转为研究社会科学。试想，如果他们都不了解自己的话，那么，英国或许只是多了一位普通的医生济慈，德国或许只是多了一位普通的诗人马克思，而在英国文学史和国际共产主义运动史上则失去了两颗最耀眼的明星。

许多哲学家都忠告我们：要了解你自己。然而，在实际生活中，这并非一件容易的事情。正如做任何事情都要讲究策略和方法，了解自己也不例外，只有掌握了科学的方法，才能准确且全面地了解自己。

那么，有什么好的方法可以让我们科学、全面地了解自己呢？为了给广大读者一个便于了解自己的途径，我们精心编写了本书。本书有以下几个特色：第一，科学性。本书在选材及编写的过程中，精选最具科学性和权威性的内容，为整本书的科学性提供了保障。第二，实用性。本书在体系的确立、内容的取舍方面，坚持了实用性原则，尽可能多地介绍了相关的实用性知识。第三，通俗易懂，深入浅出。本书内容通俗易懂，适用于普通大众的阅读口味。第四，全面性。本书从情商、智商、逆商、社交商、性格等方面出发，全面、科学地解析你自身的各个方面，让你在一种轻松、愉悦的氛围中了解自己、剖析自己，从而轻松地跨越战胜自己的第一步。

古人云："临渊羡鱼，不如退而结网。"与其羡慕别人头上耀眼的光环，不如静下心来全面地了解自己，择己之优，去己之劣，成就更完美的自我，把握更完美的人生。

# 目 录
## CONTENTS

绪论　了解自己：天下最难的事……………………… 1

# 第一章　发掘情商——决定人生成败的潜质

## 第一节　透视你的情商指数………………………… 9
了解情商的具体内涵………………………………… 9
自我把脉：透视自己的情商指数…………………… 11
情商提高：培养高情商的 6 种途径………………… 13

## 第二节　探测你自我情绪的察觉能力……………… 17
走近你神秘的直觉…………………………………… 17
利用自省的方式了解自己…………………………… 19
了解自己的情绪类型………………………………… 21
情商提高：坦然接受不完美的自己………………… 27

## 第三节　了解你自我情绪的管理能力……………… 29
你能否控制自己的愤怒情绪………………………… 29
你是不是一个情绪化的人…………………………… 31
了解自己的情绪紧张度……………………………… 34
情商提高：做控制情绪的大师……………………… 37

## 第四节　你自我激励的能力怎样…………………… 39
相信自己是胜利者——你够自信吗………………… 39

　　　　了解自己的乐观指数 .................................. 42
　　　　了解自己的抱负水平 .................................. 45
　　　　情商提高：每天给自己一个希望 ........................ 48

第五节　你识别他人情绪的能力如何 .......................... 51
　　　　你具备换位思考的能力吗 .............................. 51
　　　　情商提高：走进他人的心灵 ............................ 54

第六节　探测你的人际关系管理能力 .......................... 56
　　　　你的包容力如何 ...................................... 56
　　　　你的冲突管理能力怎样 ................................ 59
　　　　情商提高：不要把自己孤立起来 ........................ 62

# 第二章　正视智商——成就人生的辅助力量

第一节　了解自己的智商指数 ................................ 67
　　　　智商，判断智力的标准 ................................ 67
　　　　自我把脉：你的 IQ 有多高 ............................ 69
　　　　如何提高你的智商 .................................... 74

第二节　挖掘你的创造才能 .................................. 76
　　　　你的创造力怎样 ...................................... 76
　　　　你是"左脑型"还是"右脑型" ........................ 81
　　　　你的大脑工作能力如何 ................................ 87
　　　　你的想象力怎样 ...................................... 94

第三节　检验你的注意力 .................................... 96
　　　　你的数字敏感度怎样 .................................. 96
　　　　检测你的分析能力 .................................... 101
　　　　检测你的记忆力 ...................................... 105

## 第四节　关注你的感知能力 ............................................ 109
关注你的感知能力 ............................................ 109
你的观察力如何 ............................................ 113
你的判断能力如何 ............................................ 117

# 第三章　检测逆商——强者的试金石

## 第一节　了解自己的逆商指数 ............................................ 123
逆商：让你从挫折中了解自己 ............................................ 123
了解自己的逆商指数 ............................................ 125

## 第二节　探测你神奇的意志力 ............................................ 130
你的意志力如何 ............................................ 130
你的果断性如何 ............................................ 133
你的坚定性如何 ............................................ 136

## 第三节　调适力：你善于自我调节吗 ............................................ 140
你善于化逆境为顺境吗 ............................................ 140
你处理困难的能力如何 ............................................ 142
你转败为胜的实力如何 ............................................ 145

## 第四节　提高逆商的四大方法 ............................................ 147
正视逆境，主动出击 ............................................ 147
面对逆境，说出"三不" ............................................ 149
永不向逆境妥协 ............................................ 151
用冷静镇住一切 ............................................ 153

# 第四章　探秘社交商——人生幸福感与成就感的源泉

## 第一节　了解自己的社交商指数 ................... 157
　　了解社交商的具体内涵 ........................... 157
　　自我把脉：你善于编织人脉关系网吗 ............... 160
　　社交商如何提高 ................................. 163

## 第二节　社交商与情感 ........................... 165
　　你是否具有同理心 ............................... 165
　　你的沟通能力如何 ............................... 172
　　社交商提高：做一个受欢迎的人 ................... 175

## 第三节　社交商与人际关系 ....................... 178
　　你的影响力如何 ................................. 178
　　你的社会适应能力怎样 ........................... 184
　　社交商提高：掌握拓展人脉之道 ................... 187

## 第四节　社交商的培养 ........................... 190
　　打造良好的第一印象 ............................. 190
　　打造你的亲和力 ................................. 192
　　社交商提高：多做幽默"深呼吸" ................... 193

# 第五章　认清自我的性格类型

## 第一节　认识性格，定位自己 ..................... 197
　　性格是我们最本质的象征 ......................... 197
　　性格影响你的健康状况 ........................... 199
　　自我把脉：通过菲尔测试透视你的性格 ............. 201

## 第二节　MSCP 性格的具体分类 .................. 206
完善型（M 型）——内向、思考、悲观 .......... 206
活跃型（S 型）——外向、多言、乐观 .......... 207
能力型（C 型）——外向、行动、乐观 .......... 208
平稳型（P 型）——内向、旁观、悲观 .......... 209

## 第三节　红、蓝、黄、绿四色性格分类 ............ 211
红色性格 ........................................ 211
蓝色性格 ........................................ 213
黄色性格 ........................................ 215
绿色性格 ........................................ 217

## 第四节　荣格性格分类 ........................... 219
外向思维型 ...................................... 219
内向思维型 ...................................... 220
外向情感型 ...................................... 221
内向情感型 ...................................... 222
外向直觉型 ...................................... 223
内向直觉型 ...................................... 224
外向感觉型 ...................................... 225
内向感觉型 ...................................... 226

# 绪 论

## 了解自己：天下最难的事

### 人贵有"自知之明"

曾有这样一项调查研究，结果显示了一个很有趣的现象：聪明的人很清楚自己的优势和劣势，而愚蠢的人却没有自知之明。

那么，一个人是因为愚蠢，所以才没有自知之明呢，还是由于没有自知之明，而变得越来越愚蠢呢？

> 一家唱片公司旗下有很多歌星，其中一个女孩子，样子虽然不漂亮，但是，她的歌唱得很好。这个女孩子在圈中浮沉了许多年，最后还是黯然退出了。那个时候，有人问公司老板：
> "她为什么不见了？她的成绩应该可以比现在好一点的。"
> 老板说："我叫她用心唱歌，不要穿得怪里怪气的，她反而跟我说：'我是一半偶像，一半实力。'"
> 原来她觉得自己很漂亮，却完全不知道自己最大的长处是唱歌。

不管是由于愚蠢而导致无自知之明，还是由于无自知之明而导致愚蠢。无论如何，没有自知之明的人，也许永远都不知道自己没有自知之明，因为他们还不够聪明，不懂得去了解自己，所以最终毁了自己！

人的才能、兴趣、素质等各有不同，如果你不了解这一点，没能把自己的所长利用起来，你将很容易将自我埋没。反之，你若有自知之明，善于自我设计，从事最擅长的工作，你就会获得成功。

这方面的例子实在是不胜枚举。

达尔文在数学、医学等方面毫无建树，但对动植物学的研究却卓有成效。

阿西莫夫是一个科普作家，同时也对自然科学颇有研究。一天，他坐在打字机前打字的时候，突然意识到："我不能成为一个第一流的科学家，却能够成为一个第一流的科普作家。"于是，他几乎把全部精力放在了科普创作上，终于成为当代最著名的科普作家。

"自知"，是做人的基石。只有切实做到"自知"，才能把握自己，把握人生。既不好高骛远，妄自尊大，目空一切，又不自卑、自馁，妄自菲薄，丧失自我。只有切实做到"自知"，才能诚诚实实做人、脚踏实地做事。只有客观地认识自己，清楚自己的优点与缺点，明白自己的能与不能，才能发掘自我潜力，进而超越自己。

很明显，自知之明需要从了解自我开始。首先要能经常反思自我、审视自我、把握自我。"吾日三省吾身"，反思自己的所作所为、所思所想，明了自身的长短优劣，不断矫正自己。同时，要有自知之明的内在主动。人活一辈子，见不到自己的脊背。这就需要借助别人这面"镜子"来观察自己，听听别人对你的评价，来了解自己、认识自己。当然，要借助别人，自己必须诚心诚意，别人才会真心真意，别人这面"镜子"才会是平面镜，而不是"哈哈镜"，别人对你的评价才真实、可靠，才有利于自己全方位认识自己。

认识自我，具备自知之明是人一生的课题。世界上最难的事，不是别的，而是认识自己。有时，在人生的某个阶段，能比较好地了解自己，到了人生的另一个阶段，它反而会变得模糊，成为自我发展中的一个障碍。所以，要做到真正认识自己，是很不容易的，需要一生的智慧，需要付出一辈子的努力。也因为如此，自知之明显得更加可贵。

## 你真的了解自己吗

古希腊哲学家苏格拉底曾提出一个著名的命题——"认识你自己"。他认为，人之所以能够认识自己，在于其理性，认识自己的目的在于认识最高真理，达到灵魂上的至善。在我国，老子说过"知人者智，自知者明"。可以说，从古至今，人们对于自我的认识始终处于无尽的探索之中。特别是随着社会经济的迅猛发展和就业形势的急剧变化，现代人在社会中越来越难以找到合适的、理想的工作机会，严峻的就业形势告诉我们，如果不了解自己，我们就可能会成为生活、事业的迷失者。

社会心理学家研究发现，善于给自己的生活做出计划的人往往比较勤奋、进取，擅长理性思考，对生命成长的每一个阶段都能谨慎把握，一般都能主宰自己的命运，成功自然和他们有缘。但是，所有的一切都因为你而开始，这足以显示了解自己有多重要了。

但是，你对自己真的了解吗？你了解自己的程度又有多深呢？

> 有一位老师，常常教导他的学生说：人贵有自知之明，做人就要做一个自知的人。唯有自知，方能知人。有个学生在课堂上提问道："请问老师，您是否知道您自己呢？"
>
> "是呀，我知道我自己吗？"老师想，"嗯，我回去后一定要好好观察、思考、了解一下我自己的个性和心灵。"
>
> 回到家里，老师拿来一面镜子，仔细观察自己的容貌、表情，然后再来分析自己的个性。
>
> 首先，他看到了自己亮闪闪的秃顶。"嗯，不错，莎士比亚就有个亮闪闪的秃顶。"他想。

他看到了自己的鹰钩鼻。"嗯,英国大侦探福尔摩斯——世界级的聪明大师就有一个漂亮的鹰钩鼻。"他想。

他看到自己具有一张大长脸。"嗨!大文豪苏轼就有一张大长脸。"他想。

他发现自己个子矮小。"哈哈!鲁迅个子矮小,我也同样矮小。"他想。

他发现自己具有一双大撇撇脚。"呀,卓别林就有一双大撇撇脚!"他想。

于是,他终于有了"自知"之明。

"古今中外名人、伟人、聪明人的特点集于我一身,我是一个不同一般的人,我将前途无量。"第二天,他对他的学生说。

上述故事中的老师,他的身体组合简直是世界上的最丑阵容的精华集合了,正是因为不能很好地认识自己,才闹出了如此幼稚的笑话。像他这样不能正确认识自己的人,只能在虚妄中度过此生,又何谈取得事业的成功、人生的辉煌呢!

正确了解自己的结果,很可能是看到不完美的、有众多缺陷的"自我"。面对自我的本来面目,能否勇敢地接受现实、接受自我,是一个人心理是否健康、成熟,能否超越自我、突破自我的关键因素。真正成熟的人绝对不会由于他对自身的某方面不满意而拒绝认识自己,不承认或不接受自己的真正面目,非要装扮出另外一个形象来。

有一个英国作家,名叫哈尔顿,他为编写《英国科学家的性格和修养》一书,采访了达尔文。达尔文的坦率是尽人皆知的,为此,哈尔顿不客气地直接问达尔文:"您的主要缺点是什么?"达尔文答:"不懂数学和新的语言,缺乏观察力,不善于合乎逻辑的思维。"哈尔顿又问:"您的治学态度是什么?"达尔文又答:"很用功,但没有掌握学习方法。"

既能认识到自己的优点,又能够理性地分析自己的缺点,无论自己聪颖与否,无论自己漂亮与否,都不对自己的本来面目感到厌烦与羞愧,只有这样的人,才能准确且客观地进行自我定位,才能在人生旅途中不懈拼搏、积极生活,也才能在大自然中轻松地享受……

上帝为我们每一个人都准备了一面镜子,这面镜子就是"反躬自省"4个字，它可以照见落在心灵上的尘埃，提醒我们"时时勤拂拭"，使我们了解真实的自己，避免在面子心理的左右下扭曲了原本的外在和内在"镜像"。

## 如何才能了解自己

正确地了解你自己，就好像多了一双睿智的眼睛，时时给自己添一点远见、一点清醒、一点对现实更为透彻的体察与认知。凭借这份认知，可以少干很多日后追悔莫及的事情。经常把"自己"放在嘴里嚼一嚼，并不比捶胸顿足多费多少力气。

然而，一个人要想了解自己，谈何容易？一辈子都不了解自己而做出了可悲之事的大有人在。今天，还有一部分人正是由于不了解自己，不能充分理解今天这个社会中的情况，而受不得一点点挫折、打击，悲观、失望、苦恼、抱怨、彷徨，终日在唉声叹气、无所事事中把时光轻易地放走。

要正确地了解自己是非常困难的，但对自己有一个正确的认识，却是做人最起码的要求。

对于有些人来说，自己是什么样的人，只有自己不知道。由于难得有一个真实的参照系来评估自己，所以，我们往往会很自信地干傻事。

一般说来，人的自我了解可以从以下3个方面展开。

(1) 在和别人的比较中了解自己。通过与周围的人比较，与圣贤模范比较，认识自我在这些参照系中所处的位置。

(2) 从别人的态度中了解自己。在社会交往中，他人就是一面镜子，只有在与他人的互动中才能认清自我。我们看不见自己的面貌，就得照镜子，我们难以评量自己的人格品质和行为，就得利用别人对自己的态度和反应来获得一些评价，并通过这些评价来了解自己。

(3) 从工作的业绩中了解自己。这里所指的工作，乃是广义的，并不限于课业或生产性的行为，各方面的活动如文学的、艺术的、科学的、技术的、社会的、体能的，等等，都包括在内。各人所具潜能的性质互不相同，有人拙于文字，而长于工艺；有人不善辞令，而精于计算。若是只看少数项目上的成绩，往往不能察见一个人才能和禀赋的全貌，因此，要全面客观地从工作的业绩中认识自我。

我们必须要正确地了解自己。你也许解不出那样多的数学难题，或记不住如此多的外文单词，但你在处理事务方面却有着自己的专长，能知人善任、排忧解难，有高超的组织能力；也许你的理化差一些，但写小说、诗歌却是能手；也许你连一张椅子都画不好，但你有一副动人的好嗓子；也许……所以做人应先了解自己，认识自己的长处，如果能扬长避短、认准目标，抓紧时间把一件工作或一门学问刻苦认真地做下去，自然会结出令自己欣慰的丰硕成果。

古人早就说过，与其临渊羡鱼，不如退而结网。只有在你正确了解了自己之后，你才能自信起来、坚定起来，成为有韧性、有战斗力的强者。

正确地了解你自己，充实你自己，这样你就会找到自己的立足点，进而迈向成功之路。

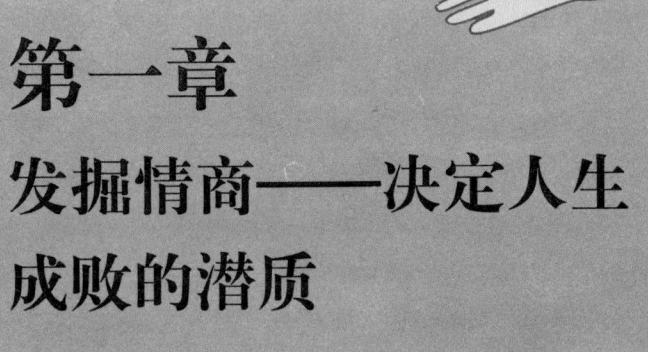

# 第一章
## 发掘情商——决定人生成败的潜质

# 第一节
# 透视你的情商指数

## ❀ 了解情商的具体内涵

1990年，一个心理学概念的提出在世界范围内掀起了一场人类智能的革命，并引起了人们旷日持久的讨论，这就是美国心理学家彼得·塞·拉维和约翰·梅耶提出的情商概念。

1995年10月，美国《纽约时报》的专栏作家丹尼尔·戈尔曼出版了《情感智商》一书，把情感智商这一研究成果介绍给大众，该书也迅速成为世界范围内的畅销书。随着人类对自身能力认识的深入，越来越多的人认识到在激烈的现代竞争中，情商的高低已经成了人生成败的关键。作为情商知识的受益者，美国总统布什说："你能调动情绪，就能调动一切！"

那么情商究竟是什么？

情商EQ是Emotional Quotient的缩写，是指人对自己的情感、情绪的控制管理能力和在社会人际关系中的交往、调节能力。戈尔曼在其著作

《情感智商》一书中说："情商高者，能清醒了解并把握自己的情感，敏锐感受并有效反馈他人情绪变化，在生活各个层面都占尽优势。情商决定了我们怎样才能充分而又完善地发挥我们所拥有的各种能力，包括我们的天赋能力。"他所偏重的是日常生活中所强调的自知、自控、热情、坚持、社交技巧等心理品质。为此，他认为情商由下列5种可以学习的能力组成。

### 1. 自我情绪的察觉能力

自我情绪的察觉能力是情商的基础。了解自己的内在情绪对了解自己非常重要，不了解自身真实情感的人势必沦为情绪的奴隶；反之，掌握自身情感的人才能成为生活的主宰，才能以主动的姿态应对生活中的各种难题，在生命的海洋中自由遨游。

### 2. 自我情绪的管理能力

自我情绪的管理必须建立在自我认知的基础之上。如何自我调整、自我安慰，摆脱焦虑、不安的心情是自我情绪管理能力的内涵所在。而这方面能力匮乏的人常常与低落的情绪交战。对自我情绪调控自如的人，则能很快地走出命运的低谷，重新振作起来。

### 3. 自我激励能力

能适时地进行自我激励，时刻保持高度的热忱是成就一切的动力。能够自我激励的人做任何事情都具有较高的效率。内心充满了激情，方能坚定不移并高效地成就自己的事业。

### 4. 识别他人情绪的能力

对他人的感受熟视无睹，必然会付出代价。具有同情心的人能从细微的信息察觉他人的需要，进而根据他人的需要行事，这样的话就很容易得到别人的理解和欢迎。尤其在与人交往中，识别他人的情绪并顺应他人的情绪至关重要。

### 5. 人际关系的管理能力

管理人际关系是一门艺术。它要求人能在识别他人情绪的基础上，采取相应的措施，与人建立良好关系。一个人的人缘、领导力、人际关系的和谐度等都与这项能力有关，一个人只有具备较高的人际关系管理能力，才能在人际关系网中畅通无阻。

情商为人们开辟了一条事业成功的崭新途径，它使人们摆脱了过去对智商所造成的结果无可奈何的宿命论态度。因为智商的后天可塑性是极小的，而情商的后天可塑性则很高，个人完全可以通过自身的努力成为一个情商高手，攀至成功的顶峰。

## ☀ 自我把脉：透视自己的情商指数

心理学家霍华·嘉纳说："一个人最后在社会上占据什么位置，绝大部分取决于他的非智力因素。"

有些人在潜力、学历、机会等各方面都相当，后来的际遇却大相径庭，这便很难用智商来解释。曾有人做过这样一项研究，其研究对象是1981年伊利诺伊州某中学81位毕业演说代表与致辞代表学生。这些人的平均智商是全校之冠，他们上大学后成就都不错，但到近30岁时却表现平平。中学毕业10年后，只有1/4在本行业中达到同年龄的最高阶层，很多人的表现甚至远远不如原来一般的同学。

在现代社会中生存，智商不再统治人的生活，情商开始主宰我们的命运。成功者和卓越者并不是那些满腹经纶却不通世故的人，而是那些能调动自己情绪的高情商者。

你是不是一个高情商者呢？你的情商指数又有多高呢？上述特征你具备了几条呢？情感控制能力是衡量情商指数高低的一个最根本的指标，下面的这些有关情感控制能力的测试题将有助于你了解自己的情商指数。该测试共有30个小题，请根据自己的真实想法回答。

### 测试开始

1. 如果你在公共场合哭了，会觉得不好意思吗？
2. 你认为哭泣是脆弱的标志吗？
3. 你认为男人应该隐藏眼泪吗？
4. 当你发现自己在看电影或者读书的时候哭了，你会觉得尴尬吗？

5. 在参加一个葬礼的时候，你会试图控制泪水不要让它流出来吗？
6. 当一个政治家在公共场合流眼泪时，你会对他失去信任感吗？
7. 你是否认为没有必要用眼泪来表达感情？
8. 当你哭泣的时候，你不允许别人来安慰你吗？
9. 当看见成年人在哭的时候，你会觉得尴尬吗？
10. 如果别人发现了你在流泪，你会装作是眼睛里进了东西吗？
11. 你总是试图隐藏愤怒吗？
12. 你总是试图隐藏失望感吗？
13. 你的脾气曾经失控过吗？
14. 你的脾气曾经给你带来过麻烦吗？
15. 去除你的愤怒会给你带来好处吗？
16. 你会总是在想一些让你生气的事情吗？
17. 你很容易变得暴躁吗？
18. 你很少抚摸你的爱人吗？
19. 你不喜欢表示喜爱的肢体动作吗？
20. 当你看见小孩子的时候你常常无动于衷吗？
21. 你不敢在公共场合跟你的爱人手拉手吗？
22. 你不喜欢按摩吗？
23. 你很少告诉你的爱人你的感受吗？
24. 你没有你非常喜爱的宠物吗？
25. 你不喜欢被你的爱人拥抱和亲吻吗？
26. 看电影的时候，你很少开怀大笑过吗？
27. 听音乐的时候，你的脚不会随着音乐轻打拍子吗？
28. 在音乐会、运动会或类似场合中你很少会热烈地鼓掌吗？
29. 你很难对着运动或电视明星大喊以表示你对他们的鼓励吗？
30. 你已记不起你上一次开怀大笑是什么时候吗？

## 测试结果

1. 有10个以下的答案是"否"，你的情感控制能力为0%～40%。

你非常保守。你确实需要适当地表达你的情感，毕竟让别人了解你的感受并没有什么错。你越努力抑制心里的原始冲动，那种原始冲动就越可能损害你的健康。

2．有10~18个题的答案是"否"，你的情感控制能力为40%~70%。

你知道怎样表达情感，但是你仍然觉得要经常表达这种情感比较困难。你应该做好让情感外露的准备。当你感到难受时就哭吧，觉得愤怒的时候就说出来吧，高兴的时候就让微笑爬上你的脸庞吧。这样无疑对你的身体健康和精神健康都是有好处的。

3．有18~27个题的答案是"否"，你的情感控制能力为70%~90%。

你对于情感的态度还是比较健康的，比较能容易地表达出自己的真实情感。

4．有27个以上的题的答案是"否"，你的情感控制能力为90%~100%。

你的情感态度非常健康。你不会因为偶尔的情绪外露而感到羞愧，毫无疑问这将使你变得更加健康。你很可能是一个交际高手。

## 情商提高：培养高情商的6种途径

我们无法决定自己的智商，却可以通过提高情商来提升自己。一个杰出的人未必有较高的智商，却一定有着高情商。

其实，提高情商并非难事，你只需坚持做到以下几个方面，相信一定会有较大的收获。

**途径一：树立明确的人生目标。**

我们的人生目标体系不能太单一，也不应该单一。我们不能成为世俗成功标准的奴隶。我们不能一辈子活着只为了工作、事业、金钱、权力、名誉，还有比这些更重要的东西，比如健康、家庭、孩子、兴趣、学习、朋友、服务他人、精神愉悦等。只有树立明确的人生目标，你的人生才有方向。

**途径二：保持一颗快乐的心。**

快乐的人身边总是不乏家人和朋友，他们不关心自己是否能跟得上富有的邻居的脚步。最重要的是，他们有一颗快乐的心。正如《真正的快乐》的作者塞利格曼所说，快乐的人很少感到孤单。他们追求个人成长和与别人建立亲密关系；他们以自己的标准来衡量自己，从来不管别人做什么或拥有什么。快乐的人以家人、朋友为中心，而那些不快乐的人在生活中，时不时地冷落了这些东西，这个时候他们就会倍感孤单。

**途径三：扫除一切浪费精力的事物。**

什么是不利于我们提高情商的力量呢？答案就是一切浪费精力的事物。

你的生活中有哪些正在缓慢地消耗着你的精力的事物呢？就是说我们该如何界定分散精力的事物——每次接触之后都会感到精力被分散了。有时和朋友相处也是如此，相互吸取和给予精力，但有些是精力的吸血鬼，他们只会吸取你的精力。这时有两个选择：一是正视这个问题，建立心理界限，继续与他们谨慎交往；另一个是减少与这种人交往。

的确，我们需要去除缓慢地浪费精力的事物，解脱出来以集中精力提高我们的情商。请试试以下的方法吧！

（1）列出经常消耗你精力的事情。

（2）系统地分析一下名单，并分成两部分。

A单：可以改变的。

B单：不可改变的。

（3）逐一解决A单中的问题。比如对你来说，把汽车钥匙挂在一个固定的钩子上，这样就不用到处找了。

（4）再看一下B单中的问题，你是否可以把其中一些移到A单加以解决？

（5）放弃B单中的问题。

**途径四：及时给自己充电。**

> 王灵在学校学的是会计专业，毕业后去深圳一家五星级酒店做了3年前台财务主管，之后回到老家郑州，在一家同级别酒店做财务主管。一年后他跳槽到某休闲娱乐集团任人力资源经理，现在任该集团主管市场运营的副总经理。如今，经常被猎头"打扰"的王灵说，自己3次较大的职场转变，都与不断充电有关："可以说正是充电让我汲取了营养，最终促进了我的职业发展。"

现代社会千变万化，节奏加快，要求我们将心态归零，抱定"活到老，学到老"的信念。

**途径五：给自己找个榜样。**

我们都曾经历过学榜样的年代，那些榜样对于我们来说高尚而又遥远。于是我们学榜样的热忱在和榜样的距离中渐渐熄灭了，因为我们知道自己也许一生都成不了大英雄。

是的，你不太可能成为大英雄，但你可以成为一个快乐的平凡人，比如你有个朋友叫丹宁，她精力充沛、年轻大方、聪明有趣。她经营妇科诊所、做公司顾问、为一家杂志定期写专栏文章，有英俊的丈夫和可爱的女儿。

你身边有这样出色的人物吗？把他作为你的榜样吧！

你可以想：他所能做的我也可以，但我们的风格迥异，我不可能以他的方式完成她所做的事。但我会模仿他做的一些事，以我的方式来完成。从他身上你总能看到从来没察觉到的自身潜能。

在周围人中给自己找个榜样吧！

他比你聪明，所受教育更好、层次更高，比你更有毅力，你会在追赶他的过程中提高自己的情商。

**途径六：从难以相处的人身上学到东西。**

我们的周围有很多牢骚满腹、横行霸道、装腔作势的人，我们希望这些人从生活中消失，因为他们会让人生气和绝望，甚至发狂。

为什么不能把这些人圈起来，买张飞机票，送到一个小岛上，在那里他们再也不会打扰到别人。

　　可是，最好别这样，因为这些难以相处的人是我们提高情商的帮手。你可以从多嘴多舌的人身上学到沉默，从脾气暴躁的人身上学到忍耐，从恶人身上学到善良，而且你不用对这些老师感激涕零。

# 第二节
# 探测你自我情绪的察觉能力

## ❋ 走近你神秘的直觉

　　直觉是人的先天能力，它是在无意识状态下，从整体上迅速发现事物本质属性的一种思维方法。它不经过渐进的、精细的逻辑推理，是一种思维的断层和跳跃，它往往可以成为创意的源泉，被人们称为"第六感"。一旦场景有异，人的直觉会马上做出反应，即刻会产生同类的情绪反应，或焦躁，或恐惧，或愤怒，或快乐，从而迫使人认清自己，做出适当的反应和行动。

　　现实生活中，很多人其实正是靠直觉处理事情的。任何时候人都会有预感，只是我们时常忽视它，或把它当作非理性的无用之物。

　　假如我们能够了解直觉是人类另一个认知系统，是和逻辑推理并行的一种能力，或许我们比较能够接受直觉的存在。让直觉进入我们的生活，与思考的能力并行，就像打开车子前面的两个大灯，同时照亮我们左右两边的视野。

直觉较为丰富的人应具有以下特点。

（1）相信有超感应这回事。

（2）曾有过事前预测某事的经验。

（3）碰到重大问题，内心会有强烈的触动，所做成的事大都是凭感觉做的。

（4）早在别人发现问题前就觉得该问题存在。

（5）曾梦到问题的解决办法。

（6）总是很幸运地做成看似不可能的事。

（7）在大家都支持一个观念时，能够持反对意见而又找不到原因。

在艺术创作和科学活动中，几乎处处都有直觉留下的痕迹。

马兹马尼扬曾对60名杰出的歌剧和话剧演员、音乐指挥、导演和剧作家们的创作进行了研究，结果这些人都谈到直觉思维曾在他们的创作过程中起过积极作用。

居里夫人在镭的原子量测定出来前4年就已预感到它的存在，并提议将其命名为镭，"以直觉的预感击中了正确的目标"；诺贝尔奖获得者丁肇中教授也写道："1972年，我感到很可能存在许多具有光特性而又比较重的粒子，然而理论上并没有预言这些粒子的存在。我直观上感到没有理由认为重光子一定要比质子轻。后来经过实验，果然发现了震动物理界的J粒子。"

---

1908年的一天，日本东京帝国大学化学教授池田菊苗正坐在餐桌旁，品味着贤惠的妻子为他准备的晚餐，餐桌上摆满了各种各样的菜肴，教授吃吃这个，尝尝那个，然后拿起汤匙喝了口妻子特意为他做的海带汤。

刚喝了一口，池田菊苗教授即面露惊异之色，因为他发现海带汤太鲜美了。直觉告诉池田菊苗这种汤中肯定含有一种特殊的鲜味物质。于是，教授取来许多海带，进行了一系列化学分析，经过半年多的努力，终于从10千克海带中提炼出了2克谷氨酸钠，把它放进菜肴里，鲜味果然大大提高了。池田菊苗便将这种鲜味物质定名为"味の素"（即味之素），也就是我们所说的味精。

由于直觉在发明创造领域的重要作用，一些著名的科学家、艺术家由衷地给了直觉以最高的评价。如爱因斯坦说："我相信直觉和第六感觉"、"直觉是人性中最有价值的因素。"未来派艺术大师玛里琳·弗格森说："如果没有直觉能力的话，人类将仍然生活在洞穴时代。"丹麦物理学家玻尔说："实验物理的全部伟大发现都来源于一些人的直觉。"他还举例说："卢瑟福很早就以他深邃的直觉认识到原子核的存在。"法国著名数学家庞加莱说："教导我们瞭望的本领是直觉。没有直觉，数学家便会像这样一个作家：他只是按语法写诗，但却毫无思想。"

当然，由于直觉思维的非逻辑性，因此它的结论常常是不可靠的，但我们不能因此而否定直觉在我们生活中的作用。著名物理学家杨振宁教授在谈到氢弹之父泰勒博士的讲课特点时曾说过这样一句话："泰勒的物理学的一个特点是他有许多直觉的见解，这些见解不一定都是对的，恐怕有90%是错误的，不过没关系，只要有10%是对的就行了。"

## 利用自省的方式了解自己

人苦于不自知。人的很多迷惑和苦难都是不自知的结果。比如人类的眼睛演化的结果是只能朝外看，看得见别人身上的瑕疵，却看不到自己身上的斑点。为了看见自己，人类发明了镜子，但镜子只能照出人的外貌，却看不见人的内心。要看见更真实的自己，我们就要利用一面能照出内在自我的魔镜——自省。

美国前总统林肯诚恳地说过："我相信自己绝不至于老到不能说话时，仍能大言不惭。"他随时愿意承认自己的错误，使他赢得了共事者的尊敬和亲善。当他在南北战争中对葛兰脱将军的挺进方向判断错误时，立刻写信说："我现在想私下向你承认，你对了，我错了。"

一位教授曾经说："如果我对一件事情的处理方法不奏效，那么我相信我必定还有许多东西还未学会。可能我需要求助于别人，或是事情的后续发展会告诉我如何解决。不管如何，我首先得承认自己的错误，然后才能找到答案。"的确，肯自省的人，才有自我超越的可能，才有可能具有较高的情商。

中外历史上许多杰出的人物都曾进行深入、细致、全面的自我分析。孔子的学生曾参说："吾日三省吾身，为人谋而不忠乎？与朋友交不信乎？传不习乎？"只有进行自省，才能了解自己，对自己进行正确的认知和评价；只有进行自省，才能扬长避短，驾驭情绪，让自己的人生道路少些坎坷，多些收获。

> 20世纪80年代初，艾柯卡励精图治把克莱斯勒公司从颓势中解救出来，创造了"反败为胜"的神话。分析家认为，其中关键的一条，就是整个管理层痛定思痛，勤于自省，及时调整发展战略，共同努力所致。
> 
> 上任不久，针对公司不景气的状况，艾柯卡发起了一场"反思周"活动。周末，公司的许多上层管理人员来到户外，他们聚集在疗养所里，彻底地反省自己。疗养所清幽的环境可以让每个人都静下心来，彻底地思考自己所犯的错误。一位管理人员回忆说："每个人都感到强烈的不安，大家把公司的生意看得很重，希望自己能为它的振兴效力，并为它自豪。"
> 
> "反思周"归来，公司又派出25名管理人员外出取经，学习人家如何增加企业凝聚力、提高职员素质的经验。同时，解雇一些不懂行、不称职的管理人员。这样做，意味着公司精简机构，避免了派系之间不协调。艾柯卡本人意识到，自己对下属发指令性命令是不对的，他主动地下放特权。

自省不仅仅是对自己的缺点的勇于正视，它还包括对自己的优点和潜能的重新发现。勇士称号不仅属于手执长矛、面对困难所向无敌的人，而且属于敢于用锋利的解剖刀解剖自己、改造自己，使自己得到升华和超越的人。

自省是自我动机与行为的审视与反思，用以克服自身缺陷，以达到心理上的健康完善。它是自我净化心灵的一种手段，情商高的人最善于通过自省来了解自我。

从心理上看，自省所寻求的是健康积极的情感、坚强的意志和成熟的个性。它要求消除自卑、自满、自私和自弃，消除愤怒等消极情绪，增强自尊、自信、自主和自强，培养良好的心理品质。

自省者审视自我，使个性心理健康完善，摆脱低级情趣，克服病态畸形，净化心灵。自省有助于强者伦理人格的完善和良好心理品质的培养，同时也成为强者的特征之一。

一个真正成熟的人，应该在充分认识客观世界的同时，充分看透自己。用诚实坦白的目光审视自己，通常是很痛苦的，因此，也是很可贵的。人有时会在脑子里闪现一些不光彩的想法，但这并不要紧，人不可能各方面都很完美、毫无缺点，最要紧的是能坚持自省。

曾国藩一生坚持写"自省日记"，每天记下自己做了哪些事、哪些做得不好、哪些做得出色，他用这样的自省方式来激励自己不断向目标迈进。

圣人也好，伟人也罢，他们都会利用自省的方式来了解自己，提升自己，我们何不"效颦"一番，也用这种方法来了解自己呢。

## ☀ 了解自己的情绪类型

日常生活中，你在多大程度上受理智的控制，又在多大程度上受情绪的支配？答案肯定是因人而异的。在情绪类型上，人与人之间存在很大差异，这里面气质、性格、情绪、阅历、素养等都起着作用。

我们应该认清自己的情绪类型，发挥理性的控制，实现情绪反应与表现的均衡适度，确保情绪与环境相适应。你属于哪种情绪类型？是情绪型、理智型还是意志型？下面的测试将帮助你确定自己的情绪类型。本测试共30题，每题有A，B，C 3个选项，请你看清楚每一道题的意思，以最快的速度诚实作答，每题只选一项。

### 测试开始

1. 你看电影时会哭或觉得要哭吗？
   A．经常。
   B．有时。
   C．从不。
2. 在咖啡店里要了杯咖啡，这时发现邻座有一位姑娘在哭泣，你会怎样？

　　A．想说些安慰话，但却羞于启口。

　　B．问她是否需要帮助。

　　C．换个座位远离她。

3．一个刚相识的人对你说了一些恭维话，你会怎样？

　　A．感到窘迫。

　　B．谨慎地观察对方。

　　C．非常喜欢听，并开始喜欢对方。

4．遇到朋友时，你经常是：

　　A．点头问好。

　　B．微笑、握手和问候。

　　C．拥抱他们。

5．对于信件或纪念品，你会：

　　A．刚刚收到就无情地扔掉。

　　B．保存多年。

　　C．两年清理一次。

6．在朋友家聚餐之后，朋友和其爱人激烈地吵了起来，你会怎样？

　　A．觉得不快，但无能为力。

　　B．立即离开。

　　C．尽力劝和。

7．如果让你选择，你更愿意：

　　A．同许多人一起工作并亲密接触。

　　B．和一些人一起工作。

　　C．独自工作。

8．同一个很羞怯或紧张的人说话时，你会：

　　A．因此感到不安。

　　B．觉得逗他说话很有趣。

　　C．有点生气。

9．在一场特别好的演出结束后，你会：

A．用力鼓掌。

B．勉强地鼓掌。

C．加入鼓掌，但觉得很不自然。

10．一位朋友误解了你的行为，并且正在生你的气，你会怎样？

A．尽快联系，做出解释。

B．等朋友自己清醒过来。

C．等待一个好机会再联系，但对误解的事不做解释。

11．有没有毫无理由地觉得害怕？

A．经常。

B．偶尔。

C．从不。

12．你喜欢的孩子是：

A．很小而且有些可怜巴巴的。

B．长大了些的。

C．能同你谈话，并且形成了自己的个性的。

13．当你为解闷而读书时，你喜欢：

A．读史书、秘闻、传记类。

B．读历史小说、社会问题小说。

C．读幻想小说、荒诞小说。

14．去外地时，你会：

A．为亲戚们的平安感到高兴。

B．陶醉于自然风光。

C．希望去更多的地方。

15．如果在车上有烦人的陌生人要你听他讲自己的经历，你会怎样？

A．显示你颇有兴趣。

B．真的很感兴趣。

C．打断他，做自己的事。

16．你是否因内疚或痛苦而后悔？

A．是的。

B．偶尔后悔。

C．从不后悔。

17．是否想过给报纸的问题专栏写稿？

A．绝对没想过。

B．有可能想过。

C．想过。

18．被问及私人问题，你会怎样？

A．感到不快活和气愤，拒绝回答。

B．平静地说你不愿意回答。

C．虽然不快，但还是回答了。

19．你怎样处置不喜欢的礼物？

A．立即扔掉。

B．热情地保存起来。

C．藏起来，仅在赠者来访时才摆出来。

20．你对示威游行、宗教仪式的态度如何？

A．冷淡。

B．感动得流泪。

C．感到窘迫。

21．一只迷路的小猫闯进你家，你会：

A．收养并照顾它。

B．扔出去。

C．想给它找个主人，找不到就让它安乐死。

22．送礼物给朋友：

A．仅仅在新年和生日。

B．全凭兴趣。

C．你觉得有愧或有求于他们时。

23．如果你因家事不快，上班时你会：

A．继续不快，并显露出来。

B．工作起来就把烦恼丢在一边。

C．尽量理智，但仍因压不住火而发脾气。

24．你对恐怖影片态度如何？

A．不能忍受。

B．害怕。

C．很喜欢。

25．爱人抱怨你花在工作上的时间太长了，你会怎样？

A．解释说这是为了你们两人的共同利益，然后，仍像以前那样去做。

B．试图把时间更多地花在家庭上。

C．对两方面的要求感到矛盾，并试图使两方面都让人满意。

26．生活中的一个重要关系破裂了，你会：

A．感到伤心，但尽可能正常生活。

B．至少在短时间内感到心痛。

C．无法摆脱忧伤的心情。

27．以下哪种情况与你相符？

A．很少关心他人的事。

B．关心熟人的生活。

C．爱听新闻，关心别人的生活细节。

28．下面哪种情况与你最相符？

A．十分留心自己的感情。

B．总是凭感情办事。

C．感情没什么要紧，结局才最重要。

29．看到路对面有一个熟人时，你会：

A．走开。

B．招手，如对方没有反应就走开。

C．走过去问好。

30．当拿到母校的一份刊物时，你会：

A．通读一遍后扔掉。

B．仔细阅读，并保存起来。

C．不看就扔进垃圾筒。

## 测试结果

| 选项\题号 | 得分 | 1 | 2 | 3 | 4 | 5 | 6 | 7 | 8 | 9 | 10 | 11 | 12 | 13 | 14 | 15 | 累计得分 |
|---|---|---|---|---|---|---|---|---|---|---|---|---|---|---|---|---|---|
| A | | 3 | 2 | 2 | 1 | 1 | 2 | 3 | 2 | 3 | 3 | 3 | 3 | 1 | 1 | 2 | |
| B | | 2 | 3 | 1 | 2 | 3 | 1 | 2 | 3 | 1 | 1 | 2 | 1 | 2 | 3 | 3 | |
| C | | 1 | 1 | 3 | 3 | 2 | 3 | 1 | 1 | 2 | 2 | 1 | 2 | 3 | 2 | 1 | |

| 选项\题号 | 得分 | 16 | 17 | 18 | 19 | 20 | 21 | 22 | 23 | 24 | 25 | 26 | 27 | 28 | 29 | 30 | 累计得分 |
|---|---|---|---|---|---|---|---|---|---|---|---|---|---|---|---|---|---|
| A | | 3 | 1 | 3 | 1 | 3 | 1 | 3 | 1 | 2 | 1 | 2 | 1 | 2 | | |
| B | | 2 | 2 | 1 | 3 | 2 | 3 | 1 | 3 | 1 | 3 | 3 | 2 | 3 | 2 | 3 | |
| C | | 1 | 3 | 2 | 2 | 2 | 2 | 2 | 2 | 2 | 1 | 3 | 1 | 3 | 1 | | |

30~50 分：理智型。

51~60 分：平衡型。

70~90 分：冲动型。

## 你的情绪，你如何主宰

情绪是人与生俱来的一种心理反应，如喜、怒、哀、乐，易随情境变化。人在每天的生活中免不了会出现好情绪和坏情绪，但关键是如何保持情绪和平衡。如果不能很好地解决它，势必会陷入一种泥潭之中。关于如何主宰自己的情绪，以下是专家提的几点建议。

（1）尊重规律。我们的情绪与身体内在的"生活节奏"有关。吃的食物、健康水平及精力状况，甚至一天中的不同时段都会影响我们的情绪，不同的时段要做不同的事情，比如早晨精力旺盛，可做烦琐的工作，而下午不宜处理杂事。

（2）保证睡眠。每天的睡眠时间最好保持在 8 小时左右。

(3) 亲近自然。
(4) 经常运动。
(5) 合理饮食。
(6) 积极乐观。

## 情商提高：坦然接受不完美的自己

> 美国心理学家纳撒尼雨·布兰登曾经给这样一个女孩子做过诊疗。她叫洛蕾丝，正值花样年华的她有着一副天使般的面孔，可骂起街来却粗俗不堪，她曾经吸毒，甚至卖淫。
>
> 布兰登说，我讨厌她所做的一切，可我又喜欢她，不仅因为她的外表相当漂亮，而且因为我确信在堕落的表象下她是个出色的人。起初，我用催眠术使她回忆她在初中是个什么样的女孩子，当时她很聪明，学习成绩优秀；她在体育上比男孩强，招惹来一些人的讽刺挖苦，连她哥哥也怨恨她。
>
> 她于是力图在各个方面都表现得超人一等，但当发现自己在某些方面并不完美甚至跟别人还有较大差距时，她又走向另一个极端，无限夸大了这些不完美之处，并把自己的长处也放弃了。
>
> 布兰登费了很大力气让她明白，每个人都是长短互济、并不完美的整体，应该学会欣赏自己的不完美之美。
>
> 一年半后，洛蕾丝考取了洛杉矶大学，学习写作，几年后成为一名记者，并结了婚。10年后的一天，布兰登和她在大街上邂逅，布兰登几乎认不出她了：衣着高贵，神态自若，生气勃勃，丝毫不见过去的创伤。

俗话说"金无足赤，人无完人"，每个生命个体都不可能是完美无瑕的。如果我们抱着寻找完美的自己的态度，那生活将会一团糟，到处充斥着不满的抱怨声。

一些人总感到自己不如别人，其实是他们没有看到自己的长处，总爱拿自己之短比别人之长。要知道事实是：你的一些缺陷却有可能成就你。

> 有一个10岁的小男孩,在一次车祸中失去了左臂,但是他很想学柔道。
>
> 最终,小男孩拜一位日本柔道大师为师,开始学习柔道。他学得不错,可是练了3个月,师傅只教了他一招,小男孩有点弄不懂了。
>
> 他终于忍不住问师傅:"我是不是应该再学学其他招数?"
>
> 师傅回答说:"不错,你的确只会一招,但你只需要会这一招就够了。"
>
> 小男孩并不是很明白,但他很相信师傅,于是就继续照着练了下去。
>
> 几个月后,师傅第一次带小男孩去参加比赛。小男孩自己都没有想到居然轻轻松松地赢了前两轮。第三轮稍稍有点艰难,但对手还是很快就变得有些急躁,连连进攻,小男孩敏捷地施展出自己的那一招,又赢了。就这样,小男孩迷迷糊糊地进入了决赛。
>
> 决赛的对手比小男孩高大、强壮许多,也似乎更有经验。开始,小男孩显得有点招架不住,裁判担心小男孩会受伤,就叫了暂停,还打算就此终止比赛。然而师傅不答应,坚持说:"继续比赛!"
>
> 比赛重新开始后,对手放松了戒备,小男孩立刻使出他的那招,制伏了对手,由此赢了比赛,得了冠军。
>
> 回家的路上,小男孩和师傅一起回顾每场比赛的每一个细节,小男孩鼓起勇气道出了心里的疑问:"师傅,我怎么凭一招就赢得了冠军?"
>
> 师傅答道:"有两个原因:第一,你几乎完全掌握了柔道中最难的一招;第二,据我所知,对付这一招唯一的办法是对手抓住你的左臂。这样,你左臂的缺失反而成了你最大的优势。"

有的时候,人在某方面的缺陷未必就永远是劣势,只要善加利用,或者扬长避短,劣势也有可能转化成优势。

我们也许无法选择自己的家庭出身,无法选择自己的外形,但我们始终有一样别人无法剥夺的东西,那是上天赐予每个人公平的礼物——你可以选择用怎样的心情来对待生活中的一切。

坦然接受那个不太完美的自己吧,寻找自己的优势然后加以利用,寻找自己的劣势然后加以克服,相信你最终将成为那个最满意自己的人。

# 第三节
# 了解你自我情绪的管理能力

## ❋ 你能否控制自己的愤怒情绪

曾有智者说过,人性中最大的两个弱点是愤怒与欲望。的确,在所有的负面情绪中愤怒是最激烈的一种,并且也是影响最大的一种。愤怒的情绪除了能伤害他人外,更多的反作用力会指向自己。你是一个善于控制愤怒情绪的人吗?做完下面的测试,你就可以知道答案了。此测试在5分钟内完成,请根据自己的实际情况作答。答A得1分,答B得0分。

### 测试开始

1. 不管在何时何地,你都会马上指出别人的不是。(A. 是;B. 否)
2. 别人对你的印象是否你太鲁莽了。(A. 是;B. 否)
3. 你缺少倾听别人讲话的耐心。(A. 是;B. 否)
4. 你觉得自己不够客观,总是感情用事吗?(A. 是;B. 否)
5. 你经常与家人或亲近的朋友吵架。(A. 是;B. 否)

6. 在你被触怒时，是否一定要通过发脾气来发泄？（A．是；B．否）

7. 别人如果觉得你的话费解，你就会失去耐心。（A．是；B．否）

8. 你生气时会大喊大叫吗？（A．是；B．否）

9. 你与周围的人相处得不好吗？（A．是；B．否）

10. 你觉得别人的意见可笑时，会失去耐心吗？（A．是；B．否）

11. 你周围的人是否都得依你的情绪做事？（A．是；B．否）

12. 如果部下犯了错，你会严厉指责吗？（A．是；B．否）

## 测试结果

低于4分：出于某种原因而害怕愤怒，不仅怕自己发怒，也害怕别人发怒。如果你的得分低于7分的话，不管你承不承认，你很可能是那种"没脾气"的人。

5~8分：你了解自己的愤怒并能适当地表达。你不是个愤怒的人，你能保持理智，克制自己，尽量不发脾气。

9~12分：你发起脾气来无所顾忌，容易使他人感到威胁和敌意。有时会感到自己的感情失去了控制。

## 愤怒的情绪，你如何控制

愤怒其实是正常的感觉，但是失控的愤怒，会很容易导致你与他人发生争执、打斗或自我伤害。因此，当我们感到愤怒时，要通过一些健康的方法，适当地宣泄一下。

### 1. 深呼吸

从生理上看，愤怒需要消耗大量的能量，你的头脑此时处于一种极度兴奋的状态，心跳加快，血液流动加速，这一切都要求有大量的氧气补充。深呼吸后，氧气的补充会使你的躯体处于一种平衡的状态，情绪会得到一定程度的抑制。虽然你仍然处在兴奋状态，但你已有了一定的自控能力，数次深呼吸可使你逐渐平静下来。

### 2. 理智分析

你将要发怒时，心里快速想一下：对方的目的何在？他也许是无意中说错了话，也许是存心想激怒别人。无论哪种情况，你都不能发怒。如果是前者，发怒会使你失去一位好朋友；如果是后者，发怒正是对方所希望的，他就是要故意毁坏你的形象，你偏不能让他得逞！这样稍加分析，你就会很快控制住自己。

**3．寻找共同点**

虽然对方在这个问题上与你意见不同，但在别的方面你们是有共同点的。你们可搁置争议，先就共同点进行合作。

**4．回想美好时光**

想一想你们过去亲密合作时的愉快时光，也可回忆自己的得意之事，使自己的心情放松下来。如果你仅仅是因为一个信仰上的差异而想动怒，你不妨把思绪带到一个令人快意的天地里：美丽的海滩、柔和的阳光、广阔的大海……你会觉得，人生是如此的美好，大自然是如此的包罗万象，人也应该有博大的胸怀，不能执着于蝇头小利……想到这些，你就容易克制自己的怒气了。

## 你是不是一个情绪化的人

美国作家查尔斯·金斯利曾说："我所认识的成功人士都是开开心心、满怀希望的人，他们每天面带微笑去上班，以成熟的态度面对生命中的无常与机会，对逆境与顺境一视同仁。"纵观世界的成功人士，他们都具有很高的情绪稳定性，他们能随时了解自己的情绪处于什么状态，一有偏颇，就会自省，调节情绪，也调节行为。可以说稳定的情绪正是他们成功的关键之一。

那么，你的情绪稳定性如何？你是不是一个情绪化的人呢？请从下面的情绪化测试题中寻找答案。本测试由一系列陈述语句组成，请根据自己的实际情况，选择最符合自己个性的描述，不要考虑太多。测试没有速度上的要求，但是请在5分钟内完成所有的题目。

A．非常符合；

B．有点符合；

C．无法确定；

D. 不太符合；

E. 很不符合。

## 测试开始

1. 我很迷信。

2. 我有一种自卑感。

3. 孤独时我常常心烦意乱。

4. 我常会受浪漫爱情片或伤感片的感染。

5. 我很难下定决心。

6. 我常常会突发奇想。

7. 我总觉得心慌意乱，<u>坐立不安</u>。

8. 我容易因小的事情恼怒。

9. 我的作息没有什么规律性。

10. 我在静坐的时候很难心神安定。

11. 我常担心别人对自己的看法。

12. 早上起床时常心中有点抱怨。

13. 我的兴趣多变。

14. 心情常常随当时的气氛变化很大。

15. 在别人眼里我是一个经常忧虑的人。

16. 我常感到胸口发闷。

17. 心情不畅时，我无法在他人面前掩饰自己的不快。

18. 我不善于抑制自己的冲动或沮丧情绪。

19. 我不了解自己内心的想法。

20. 我不喜欢有竞争性的工作。

## 测试结果

请参照以下标准，对自己的选择进行计分，计分方法很简单，分别计算在你的答案中：

选择 A 的数目——

选择 B 的数目——

# 第一章　发掘情商——决定人生成败的潜质

选择 C 的数目——

选择 D 的数目——

选择 E 的数目——

然后照下面的公式计算出原始分数：（R）

R ＝选择 E 的数目 ×5 ＋选择 D 的数目 ×4 ＋选择 C 的数目 ×3 ＋选择 B 的数目 ×2 ＋选择 A 的数目

最后，请按照下表所列的规则，根据你的原始分数（R），找出相应的排名值（P）。比如你的原始分数（R）是 73，那么下表对应的 P 值就是 93。

排名值（P）是一个百分数，对于 P 值的理解是这样的：假如你得到的 P 值是 78，那就是表明你的情绪稳定性程度要比 78% 的人高，反过来就是说，你的情绪稳定性程度要比 22% 的人低，可见你在这个方面的能力还是不错的。总的说来，假如你的 P 值在 50 以下，你就需要

**情绪稳定程度常模对照表**

| R | P(%) | R | P(%) | R | P(%) | R | P(%) | R | P(%) | R | P(%) |
|---|---|---|---|---|---|---|---|---|---|---|---|
| 20 | 0 | 35 | 7 | 50 | 38 | 65 | 80 | 80 | 98 | 95 | 100 |
| 21 | 1 | 36 | 8 | 51 | 41 | 66 | 82 | 81 | 98 | 96 | 100 |
| 22 | 1 | 37 | 10 | 52 | 44 | 67 | 84 | 82 | 98 | 97 | 100 |
| 23 | 1 | 38 | 11 | 53 | 47 | 68 | 86 | 83 | 99 | 98 | 100 |
| 24 | 1 | 39 | 13 | 54 | 50 | 69 | 87 | 84 | 99 | 99 | 100 |
| 25 | 1 | 40 | 14 | 55 | 53 | 70 | 89 | 85 | 99 | 100 | 100 |
| 26 | 2 | 41 | 16 | 56 | 56 | 71 | 90 | 86 | 99 | | |
| 27 | 2 | 42 | 18 | 57 | 59 | 72 | 92 | 87 | 99 | | |
| 28 | 2 | 43 | 20 | 58 | 62 | 73 | 93 | 88 | 100 | | |
| 28 | 2 | 43 | 20 | 58 | 62 | 73 | 93 | 88 | 100 | | |
| 29 | 3 | 44 | 22 | 59 | 65 | 74 | 94 | 89 | 100 | | |
| 30 | 3 | 45 | 25 | 60 | 68 | 75 | 95 | 90 | 100 | | |
| 31 | 4 | 46 | 27 | 61 | 71 | 76 | 95 | 91 | 100 | | |
| 32 | 5 | 47 | 29 | 62 | 73 | 77 | 96 | 92 | 100 | | |
| 33 | 5 | 48 | 32 | 63 | 75 | 78 | 97 | 93 | 100 | | |
| 34 | 6 | 49 | 35 | 64 | 78 | 79 | 97 | 94 | 100 | | |

多加注意，因为你的情绪易激动，容易产生烦恼，通常不易应付工作中遇到的挫折。你易受环境支配而心神动摇不定，不能面对现实，常会急躁不安、身心疲乏，甚至失眠，这就说明你的情绪极不稳定。

## 如何稳定你的情绪

如果你的情绪不稳定，可以试试以下方法。

（1）将不良情绪发泄出去，如大哭一场或大笑一场。

（2）理智地清除不良情绪，承认不良情绪的存在，然后找出产生的原因，最后转移注意力或忘掉。

（3）换一个新的环境。

（4）向别人倾吐你的处境等。

## 了解自己的情绪紧张度

生活节奏的加快、社会竞争的激烈以及遭遇挫折等情况，都容易使人产生紧张的情绪。一个人如果长期处于紧张状态，就会降低身体免疫系统的抗病能力，使人不能有效地适应外界环境而罹患各种疾病。因此，长期过度的紧张对人体是有害的。那么你的情绪紧张度怎样呢？请做下面的情绪紧张度测试，相信你很快可以找到答案。该测试共有29个题目，请根据自己的实际情况用"有"或"无"作答，然后进行评判。

## 测试开始

1．常常毫无原因地觉得心烦意乱、坐立不安。

2．临睡仍在思虑各种问题，不能安寝。即使睡着，也容易惊醒。

3．肠胃功能紊乱，经常腹泻。

4．容易做噩梦，一到晚上就倦怠无力，焦虑烦躁。

5．一有不称心的事情，便大量吸烟，抑郁寡欢、沉默少言。

6．早晨起床后，就有倦怠感，头昏脑涨，浑身无力，爱静怕动，消沉。

7. 经常没有食欲，吃东西没有味道，宁可忍受饥饿。

8. 微量运动后，就会出现心跳过速、胸闷气急。

9. 不管在哪儿，都感到有许多事情不称心，暗自烦躁。

10. 想得到某样东西，一时不能满足就会感到心中不舒服、难受。

11. 偶尔做一点轻便工作，就会感到疲劳、周身乏力。

12. 出门做事的时候，总觉得精力不济、有气无力。

13. 当着亲友的面，稍有不如意，就要勃然大怒，失去理智。

14. 任何一件小事，都始终盘回在脑海里，整天思索。

15. 处理事情唯我独尊，情绪急躁，态度粗暴。

16. 一喝酒就要过量，意识和潜意识里都想一醉方休。

17. 对别人的病患非常关心，到处打听，唯恐自己身患同病。

18. 看到别人成功或获得赞誉，常会嫉妒，甚至怀恨在心。

19. 置身繁杂的环境里，容易思维杂乱、行为失序。

20. 左邻右舍家中发出的噪音，会使你感到焦躁发慌，心悸出汗。

21. 明知是愚不可及的事情，却非做不可，事后又感到懊悔。

22. 即使是消闲读物也看不进去，甚至连中心思想也搞不清楚。

23. 一有空就整天打麻将，混一天是一天。

24. 经常和同事或家人甚至陌生人发生争吵。

25. 经常感到喉疼胸闷，有缺氧的感觉。

26. 每每陷入往事便追悔莫及，有负疚感。

27. 做事、说话都急不可待，措辞激烈。

28. 遇到突发事件就失去信心，显得焦虑紧张。

29. 性格倔强固执，脾气急躁，不易合群。

## 测试结果

如果回答"有"的题目在9道以下，属于正常范围。

如果回答"有"的题目在10～19道之间，为轻度紧张症。

如果回答"有"的题目在20～24道之间，为中度紧张症。

如果回答"有"的题目在25道以上，为重度紧张症。

## 消除紧张情绪，轻松把握人生

对于轻度紧张症可以采取保护性措施，如用阅读、书法、绘画、养花等进行自我调节，松弛紧张状态。积极参加体育活动，增强体质，工作之后的文娱活动等也可缓解紧张、消除疲劳。还应当养成有规律的生活习惯，适当增加营养，提高意志能力。

对于中度以上的紧张症者，必须进行健康检查，或进行心理咨询及心理治疗。

下面介绍几种消除紧张情绪的妙计，希望对还在紧张的人们能够有所裨益。

（1）畅所欲言。当有什么事烦扰你的时候，应该说出来，不要存在心里。把你的烦恼向你值得信赖的、头脑冷静的人倾诉：你的父亲或母亲、丈夫或妻子、挚友、老师、学校辅导员等。

（2）每天自省四五次，并且自问："我做事有没有讲求效率？有没有让肌肉做不必要的操劳？"这样会使你养成一种自我放松的习惯。

（3）每天晚上再做一次总的反省。想想看："我感觉有多累？如果我觉得累，那不是因为劳心的缘故，而是我工作的方法不对？"丹尼尔·乔塞林说过："我不以自己疲累的程度去衡量工作绩效，而用不累的程度去衡量。"他说："一到晚上觉得特别累或容易发脾气，我就知道当天工作的质量不佳。"如果全世界的商人都懂得这个道理，那么，因过度紧张所引起的高血压死亡率就会在一夜之间下降，我们的精神病院和疗养院也不会人满为患了。

（4）改掉乱发脾气的习惯。当你感到想要骂某个人时，你应该尽量克制一会儿，把它拖到明天，同时用抑制下来的精力去做一些有意义的事情。例如做一些诸如园艺、清洁、木工等工作，或者是打一场球或散步，以平息自己的怒气。

（5）谦让。如果你觉得自己经常与人争吵，就要考虑自己是否过分主观或固执。要知道，这类争吵将对周围的亲人，特别对孩子的行为带来不良的影响。你可以坚持自己正确的东西，静静地去做，给自己留有余地，因为你也可能是错误的。即使你是绝对正确的，你也可按照自己的方式稍做谦让。你这样做了以后，通常会发觉别人也会这样做的。

（6）尽量在舒适的情况下工作。记住，身体的紧张会导致肩痛和精神疲劳。

## 情商提高：做控制情绪的大师

能够控制自己的情绪是人成就大事的基本素质之一。一个无法控制自己情绪的人，他的强项就会顿时消失。

人是一种具有思维和感情的动物，所以每个人都有情绪的波动，这也是人和其他动物的不同之处。不过，现实生活中，有人控制情绪的功夫一流，喜怒不形于色；有人则说哭就哭，说笑就笑，当然，说生气就生气。

随意哭笑的情绪表现到底是好还是坏呢？有人认为，这是一种"率直"的性格，是一种很可爱的人格特征。这么说也不无道理，因为喜怒哀乐都表现在脸上的人，容易使别人了解，也不至对他持有戒心，而且，有情绪就发泄，而不积压在心里，也有利于心理卫生。但从另一方面来说，这种所谓的"率直"并不适合在现实社会中行走。之所以这么说，至少有以下两个理由。

（1）不能控制情绪的人，往往给人一种不成熟或还没长大的印象。请你仔细想想，只有小孩子才会说哭就哭，说笑就笑，说生气就生气，这种行为发生在小孩身上，大人会认为这是天真烂漫，但如果发生在一个成年人身上，人们就不免会对这个人的人格发展感到怀疑了，即使不认为你是神经病，至少也会认为你还没有长大，又何谈对你产生信任感呢？

（2）一个人容易哭，会被他人看不起，被人认为是一种"软弱"的表现，容易生气则会伤害别人。哭其实也是心理压力的一种缓解方式，可是人们始终把哭和软弱联系在一起。不过大部分人都能忍住不哭，或是回家再哭，但却不能忍住不生气。

其实生气有很多坏处。

（1）会在无意中伤害无辜的人，有谁愿意无缘无故挨你的骂呢？而被骂的人有时是会反弹的。

（2）大家看你常常生气，为了怕无端挨骂，所以会和你保持距离，你和别人的关系在无形中就拉远了。

（3）偶尔生一下气，别人会怕你；常常生气，别人就会不在乎了，反而会抱着"你看，又在生气了"的看猴戏的心理，这对你的形象也是不利的。

（4）生气也会影响一个人的理性思维，使之对事情做出错误的判断和决定，而这也是别人对你最不放心的一点。

（5）生气对身体不好，不过别人对这点是不在乎的，他们会认为即使你气死了也只是你自己的事！

所以，在社会上行走，控制情绪是很重要的一件事，你应该努力做到。

# 第四节
# 你自我激励的能力怎样

## ✺ 相信自己是胜利者——你够自信吗

自信表现为一种自我肯定、自我激励、自我强化,坚信自己一定能成功的情绪素养。缺乏自信心,就没有生活的热情和趣味,也就没有探索拼搏的勇气和力量。

下面的测试就能考察你的自信心,看看你是不是一个够自信的人。该测试共有40道小题,请用"是"或"否"来回答。

### 测试开始

1. 你是不是时常羡慕他人取得的成就?
2. 在聚会上,只有你穿得不够体面,你会感到很尴尬吗?
3. 你经常跟人说抱歉吗,即使在不是你错的情况下?
4. 你经常听取别人的意见吗?
5. 对别人的赞美,你持怀疑的态度吗?
6. 如果想买性感内衣,你会尽量邮购,而不亲自到店里去吗?

7. 你懂得搭配衣服吗？
8. 你经常勉强自己做一些不愿意做的事情吗？
9. 你很少欣赏自己的照片吗？
10. 只要下定决心，一定会坚持到底，即使别人很反对，是吗？
11. 你与别人合作无间吗？
12. 你会为了讨好别人而打扮吗？
13. 如果在非故意的情况下伤了别人的心，你会难过吗？
14. 你对自己的外表满意吗？
15. 你认为自己是个绝佳的情人吗？
16. 参加晚宴时，即使很想上洗手间，你也会忍着直到宴会结束吗？
17. 你认为你的优点比缺点多吗？
18. 你希望自己具备更多的才能和天赋吗？
19. 你有幽默感吗？
20. 别人批评你，你会觉得难过吗？
21. 如果店员的服务态度不好，你会告诉他们经理吗？
22. 你是个受欢迎的人吗？
23. 目前的工作是你的专长吗？
24. 你任由他人来支配你的生活吗？
25. 你很少向别人说出你真正的想法和意见吗？
26. 你认为自己的能力比别人强吗？
27. 危急时，你很冷静吗？
28. 你经常希望自己长得像某某人吗？
29. 你会为了不使爱人难过，而放弃自己喜欢做的事吗？
30. 你总是觉得自己比别人差吗？
31. 你认为自己很有魅力吗？
32. 你认为自己只是个寻常人吗？
33. 你是个优秀的领导者吗？
34. 你懂得理财吗？

35．在聚会上，你经常等别人先跟你打招呼吗？

36．你对异性有吸引力吗？

37．你每天照镜子超过3次吗？

38．你的记性很好吗？

39．你的个性很强吗？

40．买衣服前，你通常先听取别人的意见吗？

## 测试结果

| 选项\题号得分 | 1 | 2 | 3 | 4 | 5 | 6 | 7 | 8 | 9 | 10 | 11 | 12 | 13 | 14 | 15 | 16 | 17 | 18 | 19 | 20 |
|---|---|---|---|---|---|---|---|---|---|---|---|---|---|---|---|---|---|---|---|---|
| A | 0 | 0 | 0 | 0 | 0 | 0 | 1 | 0 | 0 | 1 | 1 | 0 | 0 | 1 | 1 | 0 | 0 | 0 | 1 | 0 |
| B | 1 | 1 | 1 | 1 | 1 | 1 | 0 | 1 | 1 | 0 | 0 | 1 | 1 | 0 | 0 | 1 | 1 | 1 | 0 | 1 |

| 选项\题号得分 | 21 | 22 | 23 | 24 | 25 | 26 | 27 | 28 | 29 | 30 | 31 | 32 | 33 | 34 | 35 | 36 | 37 | 38 | 39 | 40 |
|---|---|---|---|---|---|---|---|---|---|---|---|---|---|---|---|---|---|---|---|---|
| A | 0 | 0 | 0 | 0 | 0 | 1 | 0 | 0 | 1 | 1 | 0 | 0 | 1 | 1 | 0 | 0 | 0 | 1 | 0 |
| B | 1 | 1 | 1 | 1 | 1 | 0 | 1 | 1 | 0 | 0 | 1 | 1 | 0 | 0 | 1 | 1 | 1 | 0 | 1 |

　　11分以下：说明你对自己显然不太有信心，你过于谦虚和自我压抑，因此经常受人支配。

　　12～24分：说明你对自己颇有自信，但是你仍或多或少缺乏安全感，对自己产生怀疑。

　　25～40分：你对自己信心十足，明白自己的优点，同时也清楚自己的缺点。

## 培养自信的7大诀窍

　　关于如何使自己拥有自信的问题，下面列举了任何人都容易做到的7大诀窍。有相当多的人已经尝试过这些诀窍，而且获得相当的成效。现在就让我们看看这些诀窍，相信你也会从中确立对自己的信心，并开始萌生一股新生的力量。

（1）破除自卑。破除自卑是建立自信的根本方法。而破除自卑方法的具体实施，就是给每一个引起自卑的事实以一个拨乱反正的正确认识。

（2）挺胸抬头。在生活中要挺胸抬头，从调整自己的基本姿势开始。

（3）面带微笑。微笑是获得自信的一个很好的方法。

（4）大声讲话。大声讲话就是训练在表达方面的自信，是建立完整自信的一个特别好的突破口。

（5）自信的暗示。时刻暗示自己：我是一个高智商的人，我是一个聪明的人，我是一个强者……

（6）正面的自我描述。要不断地在生活中描述自己：讲健康，自己就健康；讲自信，自己就有可能变得越来越有信心。

（7）采取行动。自信不能停留在想象上，要成为自信者，就要像自信者一样去行动。我们在生活中自信地讲了话，自信地做了事，我们的自信就会真正确立起来。

## ☀ 了解自己的乐观指数

一个人的情商高低、面对困境时能否坚毅地走出来，甚至他对人生的幸福感，这一切都与他的心态有关，或者也可以说心态是情商的一个重要内容，而乐观的心态是完美人生的关键。

乐观既是一种心理状态，也是一种性格品质。调查显示，乐观的人不仅较为健康（如癌症罹患率明显低于悲观抑郁者），而且婚姻生活较为幸福，事业上也较易获得成功。

你是个乐观主义者，还是个悲观主义者呢？你是透过明亮的镜子，还是透过灰暗的镜子来看待人生呢？做完下面这套试题，你就明白了。不过编者要向明了自己性格的人们进一言：乐观者切勿过于冒险而多了祸事，悲观者切勿过于保守而少了进取。

该测试共有20道小题，请根据自己的真实情况回答。每一小题答"是"得1分，答"否"得0分。

## 测试开始

1. 如果半夜里听到有人敲门，你会认为那是坏消息，或是有麻烦发生了吗？
2. 你随身带着安全别针或一根绳子，以防衣服或别的东西裂开吗？
3. 你跟人打过赌吗？
4. 你曾梦想过赢了彩票或继承一大笔遗产吗？
5. 出门的时候，你经常带着一把伞吗？
6. 你会用收入的大部分用来买保险吗？
7. 度假时你曾经没预订宾馆就出门了吗？
8. 你觉得大部分的人都很诚实吗？
9. 度假时，把家门钥匙托朋友或邻居保管，你会把贵重物品事先锁起来吗？
10. 对于新的计划你总是非常热衷吗？
11. 当朋友表示一定会还时，你会答应借钱给他吗？
12. 大家计划去野餐或烤肉时，如果下雨，你仍会按原计划行动吗？
13. 在一般情况下，你信任别人吗？
14. 如果有重要的约会，你会提早出门以防塞车或别的情况发生吗？
15. 每天早上起床时，你会期待美好一天的开始吗？
16. 如果医生叫你做一次身体检查，你会怀疑自己有病吗？
17. 收到意外寄来的包裹时，你会特别开心吗？
18. 你会随心所欲地花钱，等花完以后再发愁吗？
19. 上飞机前你会买保险吗？
20. 你对未来的生活充满希望吗？

## 测试结果

0～7分：你是个标准的悲观主义者，看人生总是看到不好的那一面。

8～14分：你对人生的态度比较正常。不过你仍然可以再进一步，只要你学会以积极的态度来应付人生的起伏。

15~20分：你是个标准的乐观主义者，看人生总是看到好的一面，将失望和困难摆到一旁，不过过分乐观也会使你对事情掉以轻心，反而误事。

## 培养乐观心态的5种方法

乐观的人，无论在什么时候，他们都感到光明、美丽和快乐的生活就在身边。培养乐观的心态将会使你受益终生，那么，乐观心态该如何培养呢？

### 1．凡事朝好的方向想

有时，人们变得焦躁不安是由于碰到了自己无法控制的局面。此时，你应承认现实，然后设法创造条件，使之向着有利的方向转化。此外，还可以把思路转到别的什么事上，诸如回忆一段令人愉快的往事。

### 2．不要太挑剔

大凡乐观的人往往是"憨厚"的人，而愁容满面的人，又总是那些不够宽容的人。他们看不惯社会上的一切，希望人世间的一切都符合自己的理想模式，这才感到顺心。

挑剔的人常给自己戴上是非分明的桂冠，其实是在消极地干涉他人。怨恨、挑剔、干涉是心理软弱、"老化"的表现。

### 3．学会适时屈服

当你遇到重创时，往往变得浮躁、悲观。但是，浮躁、悲观是无济于事的。你不如冷静地承认发生的一切，放弃生活中已成为你负担的东西，终止不能取得的活动希望，并重新设计新的生活。大丈夫能屈能伸，只要不是原则问题，不必过分固执。

### 4．学会体悟自己的幸福

有些想不开的人，在烦恼袭来时，总觉得自己是天底下最不幸的人，谁都比自己强。其实，事情并不完全是这样，也许你在某方面是不幸的，在其他方面依然是很幸运的。如上帝把某人塑造成矮子，但却给他一个十分聪颖的大脑。请记住一句风趣的话："我在遇到没有双足的人之前，一直为自己没有鞋而感到不幸。"生活就是这样捉弄人，但又充满着幽默，想到这些，你也许会感到轻松和愉快。

### 5. 大声宣布：今天是我的日子

列出5件你喜欢做的事，例如，买件漂亮的衣服，洗一个热水澡，看场好电影，听优美的音乐，选本喜欢的书，坐在咖啡店里喝着咖啡、听着音乐，累时偶尔抬头欣赏来来往往的人群。

## 了解自己的抱负水平

我们无法选择出身，无法选择生长的环境，可是我们可以选择怎样活着：是勇敢无畏地活着，还是战战兢兢地生存；是活得光明磊落，还是卑鄙无耻；是胸怀远大的抱负，还是得过且过。这完全取决于你的态度。

没有高尚的精神内涵的目标就必然是平庸的目标。普通人可能满足于吃好、穿好，或生活上比别人强一些。而有较高抱负的人会追求一种从社会角度来讲，有价值、有意义的人生。那么，你的抱负水平如何呢？做完下面的一套抱负水平测试题你就了解了。该测试共有10道题，为保证测试结果的科学性，请你据实回答。

### 测试开始

1. 对感兴趣的事，你都能尽力而为；对不感兴趣的事，干好干坏无所谓。

A. 完全不同意。

B. 比较不同意。

C. 拿不准。

D. 比较同意。

E. 完全同意。

2. 做一件事情，当结果与你的估计相符时，你就感到很满意；否则，即使别人说你成功了，你也会感到不满意。

备选答案同第1题。

3. 通常，对所做的事，你要求达到的标准往往要高于一般人。

备选答案同第1题。

4. 你觉得，做出成就是人生最重要的、最幸福的事情，即使苦些也值得。

备选答案同第1题。

5. 每做一事，你通常都从工作方法上入手。

A. 完全不这样。

B. 比较不这样。

C. 拿不准。

D. 比较这样。

E. 完全这样。

6. 你经常成功，失败很少，即使失败了，也会在别的方面寻找弥补。

备选答案同第5题。

7. 好胜心强，从不服输。

备选答案同第5题。

8. 如果有几件事，重要程度相同、难易不等，你会选：

A. 最容易的。

B. 比较容易的。

C. 中等难度的。

D. 比较难的。

E. 最难的。

9. 如果人们做某件事，预先有标准的话，你会选择：

A. 最低标准。

B. 较低标准。

C. 标准适中。

D. 较高标准。

E. 最高标准。

10. 如果用A，B，C，D，E表示干一番事业的愿望程度，你会选择：A．根本不想。

B．不太想。

C．愿望适中。

D．较想。

E．非常想。

## 测试结果

| 选项＼题号＼得分 | 1 | 2 | 3 | 4 | 5 | 6 | 7 | 8 | 9 | 10 |
|---|---|---|---|---|---|---|---|---|---|---|
| A | 1 | 1 | 1 | 1 | 1 | 1 | 1 | 1 | 1 | 1 |
| B | 2 | 2 | 2 | 2 | 2 | 2 | 2 | 2 | 2 | 2 |
| C | 3 | 3 | 3 | 3 | 3 | 3 | 3 | 3 | 3 | 3 |
| D | 4 | 4 | 4 | 4 | 4 | 4 | 4 | 4 | 4 | 4 |
| E | 5 | 5 | 5 | 5 | 5 | 5 | 5 | 5 | 5 | 5 |

40~50分：抱负水平很高。

25~39分：抱负水平适中。

10~25分：抱负水平较低。

## 影响抱负水平的3大因素

抱负水平又称抱负水准，是指人的行为要达到什么程度的心理愿望。许多人在工作和活动中对自己要达到的标准有较高的需求，这种需求就是抱负水平。

抱负水平并不是越高越好，适度的抱负水平，是避免挫折和失败，获得自信与成功，使个体得以顺利发展的重要因素。

所以，如何根据个人的实际情况确定适宜的抱负水平，就显得非常重要了。

影响一个人抱负水平高低的因素很多，主要的因素有以下几个。

### 1. 个体成就动机的高低

成就动机是推动人们从事某项工作以达到某种理想结果的力量。成就动机的高低因人而异，相应的，抱负水平的高低也因人而异。成就动机高的人追求成功心切，因而其抱负水平也较高；成就动机低的人在逃避失败与追求成功的二者中更偏重于前者，因而其抱负水平也就较低。

### 2. 过去成败经验的影响

过去的成败经验会直接影响到一个人目前的抱负水平。

过去有着较多成功的经验，则会增强一个人的自信心，使他对未来的成功有着更多的信心与期待，从而形成较高的抱负水平。如果过去失败的次数较多，则会使人对自己的能力产生怀疑，对自己信心不足，总怕自己会遭到更多的失败，为了逃避失败，个体便会确立一个较低的抱负水平，力求在这个水平上获得成功。

### 3. 外部环境的影响

抱负水平的确立不仅受个体自身因素的影响，还受外部环境因素的影响。

父母、老师及朋友的期望，个人所处的团体乃至所生活的社会的风气等外部因素，都会直接影响到个体抱负水平的高低。

长辈的期望高，个体便会确立较高的抱负水平以满足这个期望；团体或社会若形成一种追求高目标的氛围与风气，则处于其中的个体也会形成一个较高的抱负水平。

影响抱负水平的因素有许多，这里只简单概括地介绍了几个因素，它们对抱负水平都有着重要的影响，且它们之间彼此相互依赖，共同对抱负水平的高低产生影响。

## 情商提高：每天给自己一个希望

希望是人生的方向，是心中永远不灭的灯塔，是我们前进的动力源泉。面临恐惧时，希望使人从容淡定；面临挫折、危险时，希望让

## 第一章 发掘情商——决定人生成败的潜质

人获得巨大的能量。

> 一位弹奏三弦琴的盲人，渴望在有生之年看看世界，但是遍访名医，都说没有办法。
> 
> 一日，这位民间艺人碰见一个道士，道士对他说："我给你一个保证治好眼睛的药方，不过，你得弹断1000根弦，方可打开这张药方。在这之前，不能生效的。"
> 
> 于是这位琴师带了一个也是双目失明的小徒弟游走四方，尽心尽意地以弹唱为生。
> 
> 一年又一年过去了，在他弹断了第1000根弦的时候，这位民间艺人迫不及待地将那张一直藏在怀里的药方拿了出来，请明眼的人代他看看上面写着的是什么药材，好医治他的眼睛。
> 
> 明眼人接过药方来一看，说："这是一张白纸嘛，并没有写一个字。"那位琴师听了，潸然泪下，突然明白了道士那"1000根弦"背后的意义。就是这一个"希望"，支持他尽情地弹下去，几十年他就如此活了下来。
> 
> 这位老了的盲眼艺人，没有把这个故事的真相告诉他的徒儿。他将这张白纸郑重地交给了他那也是渴望能够重见光明的弟子，对他说："我这里有一张保证治好你眼睛的药方，不过，你得弹断1000根弦才能打开这张纸。现在你可以去收徒弟了，去吧，去游走四方，尽情地弹唱，直到那1000根琴弦断光，就有了答案。"

希望就是具有如此大的力量，给人生活下去的信念与信心。一个毫无希望的人，他的生活会十分惨淡，失去光明。然而一个时刻充满希望的人，则是上天最宠爱、最愿意施恩的一个。

> 一个身患绝症的中年妇女，遇到了一位名满天下的名医。她特别希望能够得到他的免费医治——因为她实在拿不出钱来支付高昂的手术费与医药费。
> 
> 让我们看看她是如何说服那名医生的吧。
> 
> 妇女："医生，我希望您能为我治病，而且我相信您肯定能治好我的病。"
> 
> 医生："不错，太太。我的医术是不错，不过您需要一笔费用不小的医疗金。"

妇女："那您就不能免费为我治疗吗？要知道我已经身无分文了。"
医生："你没有钱，还打算请最好的医生？！能给我一个理由吗？"
妇女："因为我还想去巴黎旅游，这需要一个好身体，就这些。"
医生："好吧。我从来只为心中存有希望的患者医治。"

希望是春天最艳丽的花朵，是夏天最冰凉的小溪，是秋天最火红的枫叶，是冬天最洁白的雪。它让我们感受到生活的美好，让我们热爱生命，激励我们向着一切的美好前行。

只有排除路上的一切障碍，心中永存希望，你才有可能在生活、事业上均取得成功。

# 第五节
# 你识别他人情绪的能力如何

## ❋ 你具备换位思考的能力吗

无论是情侣之间,还是父母与子女之间,时常会抱怨对方不理解自己。在"理解万岁"的理念下,我们应该学一下换位思考。

许多争吵和矛盾本来不必发生,但就是因为缺少了一份理解的态度而上演,甚至分道扬镳的也不在少数。其实,许多事都有完美的解决方案,甚至许多矛盾与误解也同样可以化解,而进行换位思考就是一种和谐的方法。

换位思考到底是什么呢?其实就是站在对方的角度去"理解"别人的想法、感受,从对方的立场来看事情,以别人的心境来思考问题。换位思考不但需要转换思维模式,还需要一点好奇心来探求他人的内心世界。

一个人是否擅长换位思考,很大程度上影响着他的人际交往能力。下面是个专业测试,将帮你了解自己是否能够理解不同的观点、接纳事情的差异性和多样性，并且可以知道你比多少人更懂得站在别人的角度思考问题。

## 测试开始

朋友邀请你一起参加小组活动，你会参加下列哪一项呢？
A．外出观光旅游。
B．写作、手工制作、个人才艺表演。
C．化妆美容知识讲座。
D．参加与环境污染、自然破坏有关的研讨会。

## 测试结果

选 A——外出观光旅游。

你属于慰问型的换位思考者。

你天生性格开朗，对那些经常痛苦不堪、意志消沉的人，你会对他们说"没什么大不了的，明天会更好"，以此来安慰、鼓励对方。但是，你不擅长进行深入性的谈话，对对方的痛苦不够重视，不算是一个好的倾诉对象。

选 B——写作、手工制作、个人才艺表演。

你属于贴心型的换位思考者。

你性格温柔、心思细密，尤其能够体谅那些心灵脆弱、遭遇不幸的人。你的同情不是强者的施舍，而是完全没有偏见的纯真感情，所以你能够理解那些因得不到社会认可而痛苦不堪的人。不过，当遇到比自己幸福的人时，你或许会心生妒忌。

选 C——化妆美容知识讲座。

你属于鼓励型的换位思考者。

你很会夸奖别人，善于发现对方的优点，并且能够通过口头的夸奖令对方信心百倍。"你完全可以做到"、"加油吧"之类的话，可以使对方鼓足干劲信心十足。但是，你总是很强势，不会同情那些喜欢争强好胜却又没有能力的人。

选 D——参加与环境污染、自然破坏有关的研讨会。

你属于黑脸包公型的换位思考者。

你为人正直，能够一视同仁。但是，也正因为如此，你不能理解别人的心情与内心感受，比如你会说"大家都能承受，你也应该努力承受"之类的话。但你往往因为过于强调集体利益，而容易忽视个人的感受。

## 三大方法教你学会"换位思考"

其实，换位思考并不难，难的是你不会放下自己的主观判断，只有真正地了解对方的心理，才能真正做到"换位思考"，也就能够采取正确的方式做正确的事。当然，换位思考是可以经过训练得到的，你可以尝试以下三种方法：

### 1．"空椅子"方法

找两把椅子，面对面放着，自己坐一把，然后假想对面坐的是自己的父母、朋友等对象，你和他们闹矛盾了，那么就把你的理由讲给他们听。说完之后，站起来，坐到对面的椅子上，想想假设你是他会有什么感觉，会怎么想，会怎么做等，并模仿对方的心态与语言替他辩护，这种方法简单却很有用，可以帮助我们走出以自我为中心的狭隘心理，而体谅、理解他人。

### 2．"宽容心态"方法

每个人都会犯错误，这是毋庸置疑的，这个世界上没有一个十全十美的人。当你挑剔别人的时候，有没有想到自己身上存在怎样的问题？如果想到了，你就知道怎样原谅别人了。你要提醒自己："未必如此。"因为我们对别人的判断，往往只是根据表面现象，不一定准确。我们自以为发现了别人的虚伪、欺骗等缺点，而事实未必如此。这样可以避免误会别人，你的行为也将更宽容。

你要学会经常对自己说："人难免会……"这样，你就可能接受别人不完美这样的事实，然后用一颗宽容的心去容纳更广阔的天空。

### 3．"独角戏"方法

一个人的戏称为独角戏。心理学认为，借助外部模仿可以体验内心的感受，外部模仿越多，内心体验越深。

在运用这种方法的时候，你要首先确定自己的角色。比如说，公司中职员和公司领导发生了矛盾，那么你可以扮演这名公司职员，把内心的感受说出来。然后，转换一下角色，再扮演一下公司领导，同样，把领导的感受说出来。这样你既可以体会到职员的心理，又能体会到领导的心理。你会发现，其实有很多地方都是存在误解的，只是因为大家都没有把心里想说的话说出来，才造成了这种矛盾。

通过运用以上方法进行训练以后，当你和别人发生矛盾或有不同意见的时候，你就可以运用换位思考解决。

## 情商提高：走进他人的心灵

> 一把坚实的大锁挂在大门上，一根铁杆费了九牛二虎之力，还是无法将它撬开。钥匙来了，瘦小的身子钻进锁孔，只轻轻一转，大锁就"啪"的一声打开了。
>
> 铁杆奇怪地问："为什么我费了那么大力气也打不开，而你却轻而易举地就把它打开了呢？"
>
> 钥匙说："因为我最了解它的心。"

每个人的心都像上了锁的大门，任你再粗的铁棒也撬不开。唯有走进他人的心灵，才能把自己变成一只细腻的钥匙，轻轻开启他的心。

哲斯顿被公认为是人类有史以来最著名的魔术师之一。在长达40年的演出生涯里，他走遍世界各地，一再创造幻象，迷惑观众，使大家吃惊地瞪大双眼喘起气来。总共有超过6000万人买票去看过他的表演，而他赚了将近200万美元的钞票。这个数字，在当时绝对是一笔巨款。

不过，哲斯顿的成功，靠的并不仅仅是渊博的知识和高超的演技，而是对观众感兴趣，善于走进观众的心。实际上，他的成就几乎和学校教育一点关系都没有。因为他很小的时候就离家出走，变成了一名流浪者，搭货车，睡在谷堆里，沿街乞讨，坐在车里向外看着铁道沿线上的标志，这样他才学会了识字。

有人曾经向他请教成功的秘诀："请问哲斯顿先生，您的成功是否与您拥有特别丰富、卓越的魔术知识有关呢？"

"不！"哲斯顿断然回答，"关于魔术手法的书已经有好几百本，而且在这个世界上有几十个人与我懂得一样多。但我能在舞台上把我的个性充分显现出来。作为一个表演大师，必须了解人类的天性。我的所作所为，每一个手势，每一句话语，每一个眉毛上扬的动作，我都在事先很仔细地预演过，所以表演时动作就能配合得分毫不差。"

除了这种高超的技术之外，哲斯顿向来都表现出对观众的强烈兴趣，这一点非常重要。其他许多魔术师都会一边看着观众，一边在心里对自己说："嗯，坐在底下的那些人是一群傻子，一群笨蛋，我绝对可以把他们骗得团团转！"

然而，哲斯顿的方式与他们完全不同。每次一上台，他就对自己说："我很感激，因为这些人来看我表演。他们使我能够过着一种很舒适的生活。我要把我最高明的手法，表演给他们看。"

他宣称，每当走上舞台时，他没有一次不是一再对自己说这样的话："我爱我的观众，我爱我的观众。"这句话，或许有些人会感到很可笑，但正是凭着这一点，哲斯顿成了魔术师中的魔术师。

走进别人心灵的最佳方式就是让他意识到你对他有着浓厚的兴趣，当你这么做时，不但会受到欢迎，也会使生命得到扩展。

## 第六节
## 探测你的人际关系管理能力

### ❂ 你的包容力如何

人非圣贤，孰能无过。如果执着于他人过去的错误，就会形成思想包袱，不信任、耿耿于怀、放不开，这样既限制了自己的思维，对别人也是一种阻碍。

包容是一种需要操练、需要修行才能达到的境界。有人说，包容是软弱的象征。其实不然，有软弱之嫌的包容根本称不上是真正的包容。

真正的包容，首先包括对自己的包容。只有对自己包容的人，才可能对别人也包容。承认自己在某些方面不行，才能扬长避短，才能心平气和地工作与生活。

你是一个具备包容心的人吗？你的包容力有多大？请通过下面的包容力测试题来了解一下吧！

以下所述的每一项都表示一种状态。做题时，请务必坦率、诚实；只有你的回答是真实的，这个测试才有效。请在试题前的选项中，选择与你实际情况相符合的选项，并填入每个题前的方框中。

　　A．反对（0分）；

　　B．不太反对（1分）；

　　C．有点赞成（2分）；

　　D．大致赞成（3分）；

　　E．赞成（4分）；

　　F．非常赞成（5分）；

　　G．绝对赞成（6分）。

## 测试开始

　　□1．半夜被邻居家婴儿的哭声吵醒，感到愤怒异常。

　　□2．觉得倾听和自己意见相左的见解很困难。

　　□3．客机机长应该限于男性。

　　□4．公司的人事科长不应雇用有前科者。

　　□5．剧场经理不应让穿牛仔裤的观众进会场参加首映典礼。

　　□6．为了让不听话的小孩学习服从，一定要常处罚他。

　　□7．应该强制嬉皮士和滑稽演员服两年兵役。

　　□8．公司的董事长应该对员工提升业绩和员工对公司的贡献抱很大希望。

　　□9．"撒过一次谎，别人就不再相信你。"这句话说得没错。

　　□10．顶尖运动选手应该保持最佳状态参加大赛。

　　□11．对最新流行服饰不得不稍作考虑。

　　□12．制订休假计划时，不必考虑到小孩子的希望。

　　□13．女性和男性喝等量的酒不太好。

　　□14．吸毒者被送进戒毒所是理所当然的。

　　□15．有和自己意见不一致的人在场心情就不好。

　　□16．基于扰乱和平的理由，应该禁止激进政治家的活动。

　　□17．只有勤奋的劳动工作者才有高收入。

　　□18．技术革新会无法无天，不值得高兴。

☐ 19．可能的话，尽量避免和自己意见不同的人谈话。
☐ 20．不承认女子足球队。
☐ 21．外国劳动者不应该和一般公民享有同等权利。
☐ 22．老人不应该穿着新潮服饰。
☐ 23．早婚会有问题。
☐ 24．住公寓的人不应养猫、狗等宠物。

## 测试结果

请找出与你的年龄相对应的得分。

| 14～16岁 | 17～21岁 | 22～30岁 | 31岁以上 | 对包容力之抵抗力 |
| --- | --- | --- | --- | --- |
| 0～10分 | 0～13分 | 0～9分 | 0～15分 | 非常强 |
| 11～12分 | 14～16分 | 10～15分 | 16～31分 | 强 |
| 13～29分 | 17～30分 | 16～32分 | 32～50分 | 普通（尚可） |
| 30～62分 | 31～49分 | 33～48分 | 51～60分 | 普通（稍低） |
| 63～144分 | 50～144分 | 49～144分 | 61～144分 | 很弱 |

非常强：非常有包容力。你不在乎别人的意见和自己不同，能够容忍偏激和善变的意见。

强：能理解和自己想法不同的意见。你的心中没有偏见，愿意敞开心胸接受新潮、新思想，同年龄层中比你缺乏包容力的人很多。

普通（尚可）：包容力处于平均水平。

普通（稍低）：偶尔无法接纳不同声音，对新趋势和新思想抱持怀疑的态度。

很弱：包容力很差，排斥与自己不同的意见，希望所有的人和自己的想法一致。

## 如何造就包容的心态

对一个人来说，包容心特别重要，那么该如何去造就包容心态呢？下面提供几个方法，以供参考。

**1．要胸襟开阔**

胸襟狭小的人，只能看到蝇头小利和眼前利益；胸襟开阔的人，往往眼光高远，不计小利，以大局为重。一个人的胸襟如果足够开阔，那么他所做的事情和他的做人原则，一定是很有特点的。做人，就应该养成这种良好习惯。

**2．善于自制**

我们要包容一个侵犯我们尊严、利益的人，这种包容中本来就包含着自制的内容。一个不能控制自己的人，往往情绪激动，指手画脚，就会把本来可以办成的事办砸了。这是成大事者的大戒。

要培养自制力，就必须有一定的意志力来约束自己，让自己一次只完成一件事。控制好自己，养成这种习惯，循序渐进，也就离成功不远了。

**3．对不喜欢的人宽厚相待**

试着去包容你不喜欢的人，对他们宽厚相待，即使他们不会因此而喜欢你，但是你至少可以多获取很多人生的乐趣。卡耐基说："如果你不喜欢人们，有个简单的方法可以改变这种特性：寻找别人的优点。你一定会找到一些的。"释迦牟尼说："以爱对恨，恨自然消失。"有一句老话说，不能生气的人是傻瓜，不会生气的人才是智者。去包容、去爱你不喜欢的人，体现的是一种人生境界、一种智慧。

## 你的冲突管理能力怎样

哲学家认为矛盾是无处不在的。如何化解矛盾，处理冲突，是一门艺术。情商高的人，可以巧妙地应对矛盾和尴尬，使人们暂时搁置冲突，达到求同存异、和谐发展的双赢局面。

生活中，人与人之间的冲突无处不在。当你面临冲突时，你善于处理吗？你的冲突管理能力如何？请从下面的一套测试题中寻找答案吧！该测试共有10道题，为保证测试结果的科学性，请据实回答。选择A计1分，B计2分，C计3分，最后汇总分。

## 测试开始

1. 你书房的书被水管漏水浸坏了：

A．你非常不快，不停地抱怨。

B．你想借此不交物业管理费，并写了批评信。

C．你自己擦洗、清理、烤晒图书，并修理水管。

2. 在节假日里，你和爱人总会为去看望谁的父母发生争执：

A．你认为最好的办法就是谁的父母都不去看望，以减少麻烦。

B．制订个计划，这次看望爱人的父母，下次看望你的父母，轮流看望。

C．决定在重要的节假日里，和你的家人团聚，而在其他节假日里与爱人的家人共度。

3. 某个朋友要结婚了，如果你去参加婚礼，你当然得送红包，这时：

A．事先对对方说你有事不能参加，事实上你并没有什么事情，你只是为了不送红包。

B．对那些你认为重要的朋友，如可给你带来生意上的帮助的人，你才愿意参加。

C．你不送红包，但经常收集一些小的或比较奇特的礼物来应付朋友结婚这类事情。

4. 当你感觉身体不舒服时：

A．你会拖延着不去就诊，认为慢慢会好的。

B．自己诊断一下，去药房买药。

C．把这种情况及时告诉家人，然后去医院检查。

5. 生活中的各种压力使你和家人变得容易发怒时：

A．你会想法向朋友倾诉。

B．你设法避免和家人争吵。

C．你和家人一起讨论，研究解决的办法。

6. 你的亲友在事故中受了重伤，你得知消息时：

A．失声痛哭，不知该如何是好。

B．叫来医生，要求服镇静剂来度以后的几小时。

C．抑制自己的感情，因为你还要告诉其他亲友。

7．你的能力得到承认，并得到了承担一份重要工作的机会：

A．你会放弃这个机会，因为这项工作的要求太高。

B．你怀疑自己能否承担起这项工作。

C．你仔细分析这项工作的要求，做好准备设法把它做好。

8．一位好朋友将要结婚了，在你看来，他们的结合不会幸福：

A．你会认真地规劝那位朋友，请他慎重考虑。

B．努力说服你自己，让自己相信时间会让朋友改变计划。

C．你不着急，因为你相信一切都会好起来。

9．当你和别人发生纠纷，不得不去法庭诉讼时：

A．你会因为焦虑和不安而失眠。

B．你不去想这件事，出庭时再设法应付。

C．你把这件事看得很平常。

10．当你和邻居发生争执，却没有争出结果时：

A．你借酒浇愁，想把这件不快的事忘掉。

B．请教律师如何与邻居打官司。

C．外出散步或消遣，以平息心中的愤怒。

## 测试结果

15分以下：冲突管理能力较差；

15~25分：冲突管理能力一般，有时稍有迟疑；

25分以上：冲突管理能力很强。

## 如何管理你的人际冲突

"金无足赤，人无完人。"我们自己身上都有缺点，别人当然也一样。所以如果用非常严格、苛刻的标准来衡量，对别人的缺点看得太清楚的话，你就会发觉天底下没有一个"好人"，也没有一个值得交往的人。只有睁一只眼、闭一只眼，才能获得更多的友谊，交往的人也就越来越多，当发生人际冲突时，也更容易找到解决之道。

在实际生活中，当面临人际冲突时，我们应该如何处理呢？下面的4条建议或许能让你受到一些启发。

### 1. 心胸宽大，宰相肚里能撑船

为人应当心胸宽大，绝不可斤斤计较，好与人比高低、争强弱。善于做人者，一定要有"肚子里面撑起船"的意念，把自己的开阔胸怀充分展示出来，才能赢得别人的尊敬，即使危机出现时，我们也能够顺利地解决。

### 2. 以最快的速度解除彼此之间的误会

误会是一堵冰冷的墙，它隔开了彼此的感情交流；误会是一颗不定时炸弹，说不定什么时候就会把大家炸得人仰马翻。一个小小的误会也常会制造出严重的后果，所以人与人之间产生误会时一定要以最快的速度想办法消除，不要等到无法挽回时再痛悔自责。

### 3. 处处为他人留些情面

在工作、生活中，任何人都脱不了人际关系这张大网。但与人相处难免会产生矛盾，用过激的方式处理矛盾绝对不是一个合理的方法，伤了别人不说，还毁了自己的形象。何不理智地去看待矛盾？加一些感情因素去面对，处处为他人留些情面，别人也便会保全你的面子，毕竟人活一张脸，树活一张皮。

## ☀ 情商提高：不要把自己孤立起来

> 一个富翁和一个书生打赌，让这位书生单独在一间小房子里读书，每天有人从高高的窗外往里面递一回饭。假如能坚持10年的话，这位富翁将满足书生所有的要求。于是，这位书生开始了一个人在小房子里的读书生涯。他与世隔绝，终日只有伸伸懒腰，沉思默想一会儿。他听不到大自然的天籁之声，见不到朋友，也没有敌人，他的朋友和敌人就是他自己。
>
> 很快，这位书生就自动放弃了。
>
> 因为书生在苦读和静思中终于大彻大悟：10年后，即便大富大贵又能怎样？

从这个故事中我们得到了很多启发：可以说自从世界上出现人类以来，相互交往就一直存在，即使是病人，聚在一起也比独处要轻松，尤其是现代社会，与世隔绝，独处一室是非常不切实际的做法，人际关系就像是一盏灯，在人生的山穷水尽处，指引给你柳暗花明又一村的繁华。

玛雅基维利曾论证过，在严格的军事主义下，建筑堡垒是一项错误。堡垒会变成力量孤立的象征，成为敌人攻击的目标。原设计用以防卫的堡垒，事实上截断了支援，也失去了回旋的余地。

堡垒可能固若金汤，然而一旦将自己关在里面，人们都知道你的下落，你就会成为众矢之的。围城不见得要成功地攻破，围困就足以将敌人的堡垒变成监牢。由于空间狭小而隔绝，堡垒更容易受到瘟疫和传染病的侵袭。

在战略意义上，孤立的堡垒不但没有防卫功能，事实上，制造出的困难胜过了它能解决的问题。

许多杰出的人士，之所以被能力不如自己的人击垮就是因为他们不善于与人沟通，不注意与人交流，被一些非能力因素打败。在中国这样的一个重人情世故的国家，不能融入人群无异于自毁前程，把自己逼入死胡同。

穷困潦倒的英雄，是常见的事，但只要懂得与群体进行感情的投资，就能一飞冲天，一鸣惊人。

人是高级的感情动物，注定要在群体中生活，而组成群体的人又处在各种不同的阶层，适当时进行感情投资，有利于在社会上建立一个好人缘，只有人缘好，才能有一个好的形象，你的人际交往才能如鱼得水，没人缘的人自然会常常陷入进退两难的境地。

懂得存情的聪明人，平时就很讲究感情投资，讲究人缘，其社会形象是常人不可比的，遇到困难很容易得到别人的支持和帮助。因此，这样的聪明者其交友能力都较一般人占有明显的优势。

赢得好人缘要有长远眼光，要在别人遇到困难时主动帮助，在别人有事时不计回报，"该出手时就出手"，日积月累，留下来的都是人缘。

代人生活忙忙碌碌，没有时间进行过多的应酬，日子一长，许多原来牢靠的关系就会变得松懈，朋友之间逐渐互相淡漠。这是很可惜的。

就像西德尼·史密斯所说："生命是由众多的友谊支撑起来的，爱和被爱中存在着最大的幸福。"一个人如果总是把自己孤立起来，那他一生都不可能幸福；一个人如果不能处理好人际关系，就犹如在雷区里穿行，举步维艰。"条条大路通罗马"，而八面玲珑的人则可以在每条大路上任意驰骋。

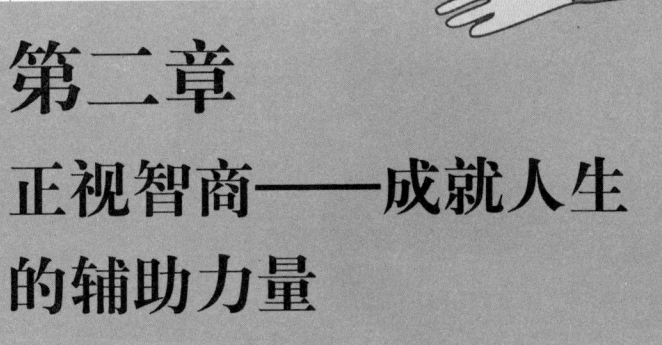

# 第二章
# 正视智商——成就人生的辅助力量

# 第一节
# 了解自己的智商指数

## 智商，判断智力的标准

在评价一个人时，人们经常说这个人聪明或那个人愚蠢，其实这是一种抽象和直观的说法。那么，是否有一种更为准确的方法来测定智力水平的高低呢？一个国际通行的标准就是"智商"。

智商，英文简称 IQ（Intelligence Quotient），是通过测验、测量得出来的智力指数，是受测者在智力测试上所得的分数，是一个人与相同智力年龄或同社会阶层的人相比较显示出的智力的高低，它反映了被测者在测验题目上的表现。在日常生活中，许多人都把 IQ 视同为智力。

再翻开《韦氏辞典》："智商——表示相对智力的数字，是心理年龄除以生理年龄，再将除得的数字乘以 100，然后除去小数点部分。"

其具体公式为：

$$IQ = \frac{心理年龄}{生理年龄} \times 100$$

假如一位 10 岁的儿童做智力测试，他答对的题数相当于一位 13 岁的儿童平均所答对的题数，经过反复的测试后，其结果显示这位儿童的智力已达到一名平均年龄在 13 岁时的儿童的智力测试分数时，我们相信该名儿童的心理年龄为 13 岁。但由于他的生理年龄只有 10 岁，因此套入公式后，他的 IQ 是 130。

具体表示为：

$$IQ = \frac{13 \times 100}{10} = 130$$

所以 IQ 愈高就显示此人的心智比同样年龄的人更发达，表明了他比别人更聪明。

我们可以用历史上一些名人为例来说明智商。这些智商值都是后人根据这些名人的行为和成就进行假想评定得出的，其中：富兰克林 160，伽利略 185，牛顿 190，笛卡儿 210，康德 199，华盛顿 140，林肯 150，拿破仑 145，达·芬奇 185。

当然，智商概念存在着一些缺陷，其公式过于简单，例如：在 16 岁以前，一个人的心理年龄和心理年龄均在增长，用此公式测验人的智商比较合理，但在 16 岁以后，人的智力发展趋缓，心理年龄的发展逐渐慢于生理年龄的增长，再用公式来测量人的智商就不太准确了。针对这种不足，许多研究人员对智商的测验方法进行了补充，使智商概念更为完善。

今天，智商(IQ)已成为众所周知的词汇，然而真正了解其意义的人却为数不多。和其他心理学词汇一样，智商一词常常被误用。比如，人们往往把智商(IQ)与心理年龄概念混淆。产生这种误解的原因是：智力测试的得分通常显示的是人们的"心理年龄"的水平。但是，如果要确定一个人的智商，就必须联系他的生理年龄来考虑他的心理年龄。

比如说，6 岁孩子达到了 10 岁少年所具有的生理年龄，他的智力发展水平当然也与达到 10 岁生理年龄的 15 岁少年不同。因此，智商只是用以说明智力差别的一种简便手段。对此，我们应该有清醒的认识。

## ☀ 自我把脉：你的 IQ 有多高

IQ 是测试是一种用来测量智力的"心理测量学"的方法。它主要是通过各种试题来评估测试者的语言、数学、空间、记忆与逻辑推理能力。IQ 测试将普通人的正常智商水平定在 90～110 之间，分值高出这个范围的人被认为具有特殊才能，甚至是天才。下面是欧洲最流行的智商测试题。在这套测试题中，你能从语言、比较、归纳、推理、判断等方面全面地测试出自己的智商。共 33 题，不得参考任何工具书，测试时间为 25 分钟，最高 IQ 为 174 分。

**测试开始**

第 1～8 题：请从理论上或逻辑的角度在后面的空格中填入后续字母或数字。

1. A，D，G，J————
2. 1，3，6，10————
3. 1，1，2，3，5————
4. 21，20，18，15，11————
5. 8，6，7，5，6，4————
6. 65536，256，16————
7. 1，0，－1，0————
8. 3968，63，8，3————

第 9～15 题：请从备选的图形(a，b，c，d)中选择一个正确的填入空白方格中。

9.

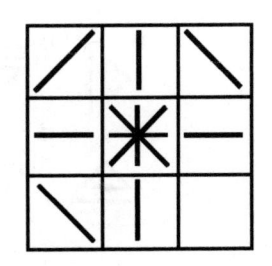

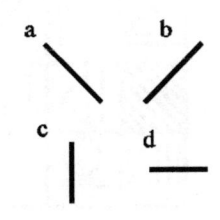

认 识 自 我 的 5 种 方 法

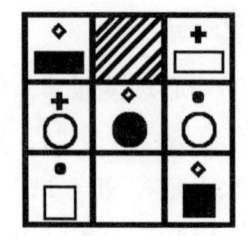

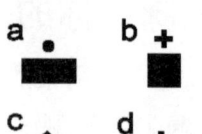

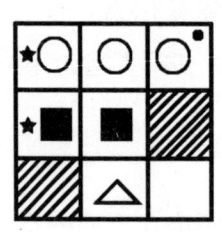

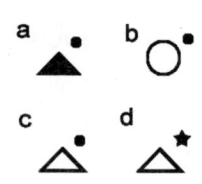

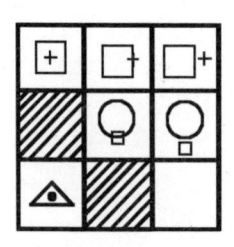

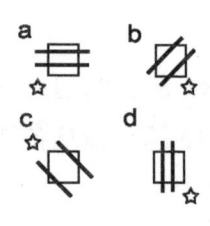

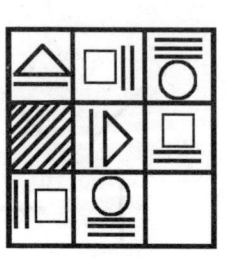

10.

11.

12.

13.

14.

15.

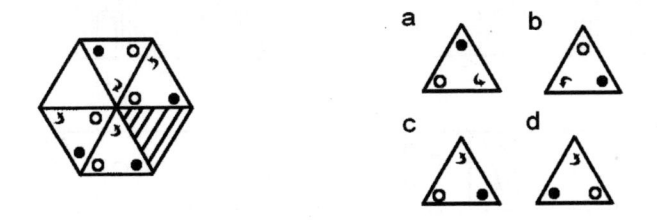

第 16～25 题：选择图形填入空缺方格，使下列图形按照逻辑顺序能正确排列下来。

16.

17.

18.

19.

20.

21.

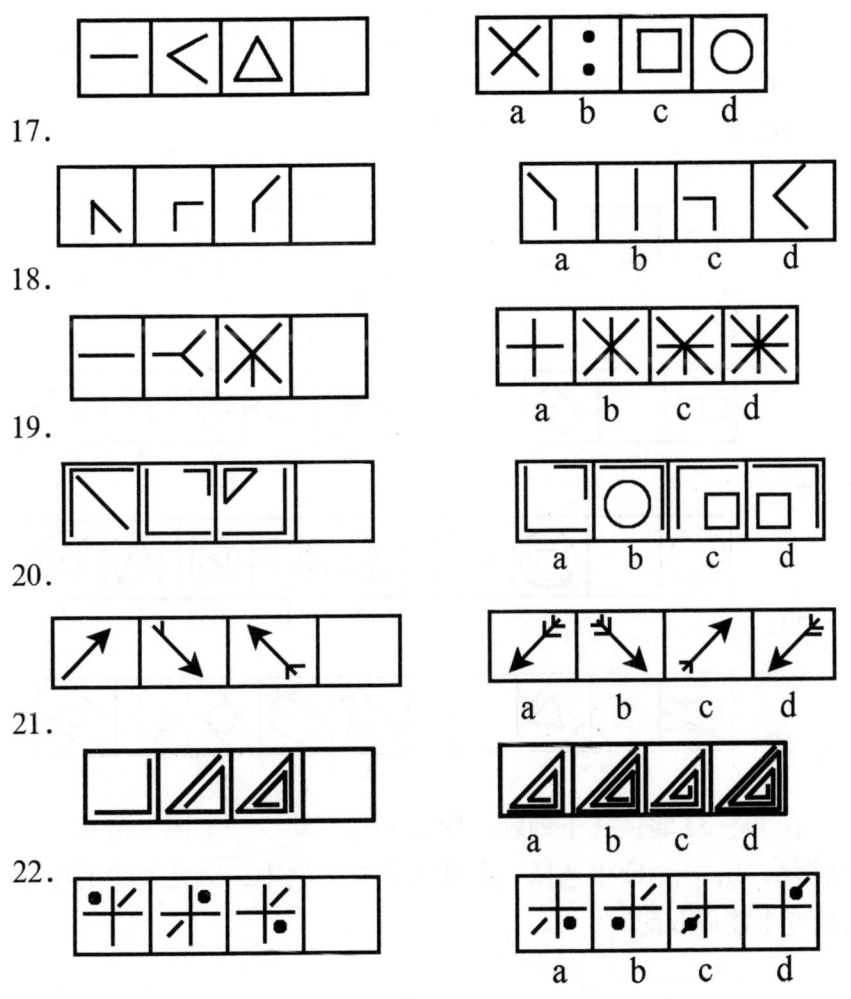

22.

23.

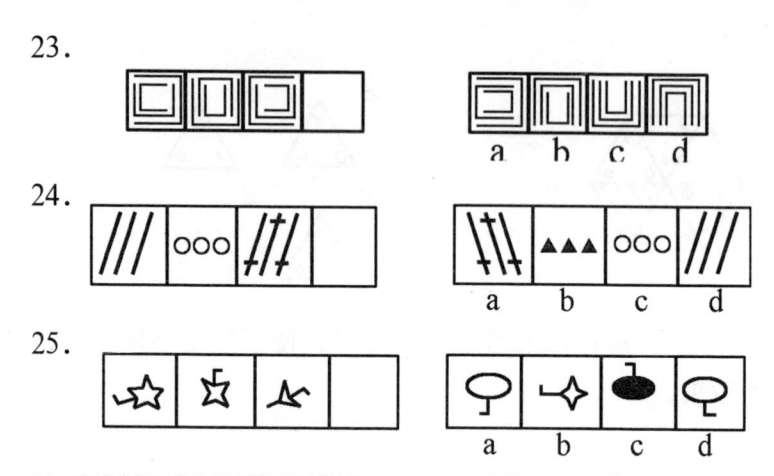

24.

25.

第26~29题：4个图形中缺少两个图形，请在右边一组图形(a, b, c, d, e)中选择一个插入空缺方格中，以使左边的图形从逻辑角度上能成双配对。

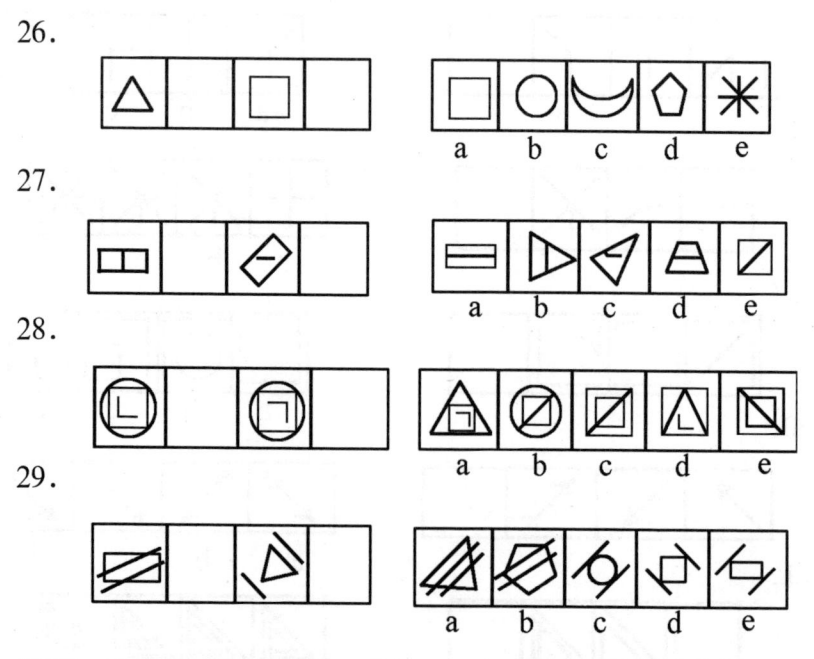

26.

27.

28.

29.

第30~33题：在下列题目中每一行都缺少一个图，请在右边一组图形(a, b, c, d)中选择一个插入空缺方格中，以使左边的图形从逻辑角度上能成双配对。

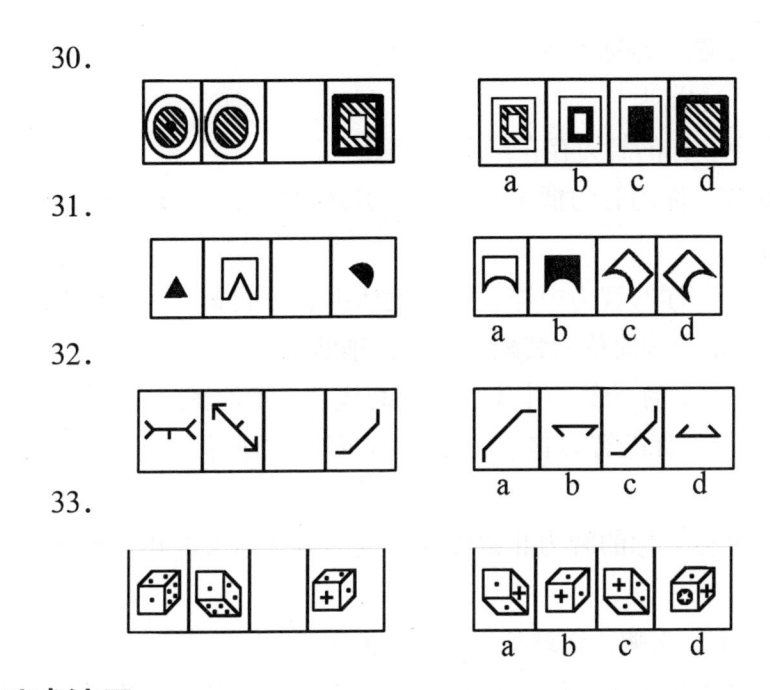

第二章　正视智商——成就人生的辅助力量

30.

31.

32.

33.

## 测试结果

1．"m"或"M"　　2．"15"　　3．"8"　　4．"6"

5．"5"　　6．"4"　　7．"1"　　8．"2"

9．b　　10．d　　11．c　　12．a　　13．c

14．d　　15．c　　16．c　　17．b

18．d　　19．d　　20．d　　21．d

22．c　　23．d　　24．b　　25．a

26．a和d　　27．b和a　　28．a和d　　29．b和d

30．d　　31．c　　32．b　　33．c

计分时请注意，先分别按计分方法算出各部分得分，而后将几部分得分相加，得到的分值就是你的最终得分。

第1~8题，每题6分，计____分。

第9题6分，第10~15题，每题5分，计____分。

第16~25题，每题5分，计____分。

第26~29题，每题5分，计____分。

73

第30～33题，每题5分，计____分。

总计为____分。

70分以下，你的智力存在严重的问题。

70～89分，你的智力低下，在这范围之内的人，在社会生活中成功的机会很小。

90～99分，你的智力中等，你在生活中要想成功，必须努力，潜在的事业机会是一些简单的装配、服务、辅助工作。

100～119分，你的智力中上，而要想成功，不能懈怠。

10～129分，你的智力非常优秀，成功的机会唾手可得，但不能因此而骄傲。

130～139分，你的智力非常优秀，成功对于你来说并非难题，但贵在坚持。

140分以上，天哪，你就是独一无二的天才！

该智力测试题在近几年非常流行，被专家、学者，以及大多数人认可，而且被百事公司、麦当劳公司、宝洁公司、雀巢食品公司等世界500强诸多企业认同，作为员工招聘、员工素质调查的基本试题。

## ☀ 如何提高你的智商

许多人认为智商是遗传的，所以一个人生下来智商有多高，长大后的智商便有多高，即使努力去提高，也是于事无补的。

这种想法是错误的，错在哪里呢？不可否认，智力跟其他特征（例如肤色、体重、相貌）一样，受着遗传基因的影响，但现代生物学也认为，受遗传影响的特质也是可以改变的。

一项研究通过比较孪生子女的智商来分析遗传与环境对智力的影响。通过比较一些孪生遗传基因完全相同，但却被不同家庭收养的孪生子女的智力，便能知道遗传对智力的影响有多大。另一方面，通过比较两个由不同父母所生而被收养在同一家庭的孩子的智力，便可以知道环境对智力的影响。这些研究发现，总体来说，人的智力差异大约有五成是受遗传影响的，而另外的五成则受家庭和社会环境的影响。所以，对外部生活环境加以改善，有助于智商的提高。

另外，现代医学表明，3种基本要素决定人的智能——脑供血、脑神经传导、脑细胞代谢。所以，如果想提高智商，则需要提高脑供血的质量和数量，增强脑神经传导功能，增进脑细胞活力。智能三要素是受人的生理状况所限制的，而人的生理状况分为疾病、亚健康（亚健康是介于疾病与健康的中间状态，也就是存在疾病隐患的状态）、健康3种状态。一般情况下，人在健康状态时的智商高于前两种状态时的智商。但是，人在健康状态时的智商也不同，原因是受到生理功能的限制，所以提高智商的基本方法是摆脱疾病和亚健康状态，进入健康状态，在健康状态时提高生理功能，最终达到提高智商的目的。

据世界卫生组织调查统计，目前70%的人处于亚健康状态，青少年由于身体发育、学习负担等因素，90%处于亚健康状态。

下面介绍几种对智商有影响的亚健康状态：低血压、贫血、心脏功能弱、颈部风湿、脊椎不正等影响脑供血；神经衰弱影响脑神经传导；肠胃吸收能力弱会使脑细胞缺少营养活力。

若想提高自身的素质，学习各种知识是必要的，但是如果自身智商不高，学习太多的知识反而会使人的整体素质下降（有很多学生高分低能就是这个原因），懂得计算机知识的人都知道，如果计算机的硬件级别低，那么存入软件不能多，多了反而会运行困难，降低工作能力，人也是如此。

总之，提高身体素质以克服生理限制是提高智商的首要条件，应从如下两方面做起。

第一，多学习一些医学知识，了解自身状况，发现问题并及时解决。

第二，选择符合自身的运动，增强身体对疾病的抵抗能力。如果身体素质提高，那么智商自然会得到提高。

# 第二节
# 挖掘你的创造才能

## 你的创造力怎样

创造力是指根据一定的目的和任务，运用一切已知条件和信息开展思维活动，经过反复研究和实践，产生某种新颖的、独特的、有价值的成果，这种能力即为创造力。创造力不是天生不变的，社会实践、教育和主观努力对创造力的形成和发挥都有重大影响。

创造是 21 世纪生存和成功的关键条件，一个企业讲究创新能力，一个人讲究创造能力，这两者的道理是一样的：唯有创造才能进步。对于个体而言，创造力能将人带入一个又一个人生新境界，这才是创造的魅力。请你做做下面这个测试，看看你的创造能力如何。

注：请在每一句话后面，用一个字母表示同意或不同意，同意的用 A，不同意的用 B，不清楚或吃不准的用 C。

**测试开始**

1. 我不做盲目的事，干什么都有的放矢，用正确的步骤解决每一个问题。

2．只是提出问题而不想得到答案，无疑是浪费时间。

3．无论什么事情，要我解决，总比别人困难。

4．我认为合乎逻辑地循序渐进，是解决问题的最好方法。

5．有时，我在小组发表意见，似乎使一些人感到厌烦。

6．我花费大量时间来考虑别人是怎样看待我的。

7．做自己认为正确的事情，比力求取得别人赞同重要。

8．我不尊重那些做事似乎没有把握的人。

9．我需要的刺激和兴趣比别人多。

10．我知道如何在考试前，保持自己的心情平静。

11．我能坚持很长一段时间解决难题。

12．我有时对事情过于热心。

13．在特别无事可做时，我倒常常想出好主意。

14．在解决问题时，我常常凭直觉判断"正确"或"错误"。

15．在解决问题时，我分析问题较快，而综合所收集的材料较慢。

16．有时，我打破常规去做我原来并未想到要做的事。

17．我有收集东西的癖好。

18．幻想促进了我许多重要计划的提出。

19．我喜欢客观而又有理性的人。

20．如果让我在两种职业中选择一种，我宁愿当一个实际工作者，而不愿当探索者。

21．我能与我的同事或同行们很好地相处。

22．我有较高的审美观。

23．在一生中，我一直追求着名利和地位。

24．我喜欢坚信自己的结论的人。

25．灵感与获得成功无关。

26．使我感到最高兴的是，原来与我观点不一样的人变成了我的朋友，即使放弃我原先的观点也在所不惜。

27．我更大的兴趣在于提出新的建议，而不在于设法说服别人接受这些建议。

28．我乐意独自一人整天"深思熟虑"。

29．我往往避免做那种使我感到情绪低落的工作。

30．评价资料时，我觉得资料的来源比其内容更为重要。

31．我不满意那些不确定和不可预言的事。

32．我喜欢埋头苦干的人。

33．一个人的自尊比得到他人的敬慕更重要。

34．我觉得那些力求完美的人是不明智的。

35．我宁愿与大家一起努力工作，而不愿凌晨单独工作。

36．我喜欢那种对别人产生影响的工作。

37．在生活中，我经常碰到不能用"正确"或"错误"加以判断的问题。

38．对我来说，"各得其所"、"各在其位"是很重要的。

39．那些使用古怪和不常用词语的作家，纯粹是为了炫耀自己。

40．许多人之所以感到苦恼，是因为把事情看得太复杂了。

41．即使遭到不幸、挫折和反对，我仍然能够对我的工作保持原来的精神状态和热情。

42．想入非非的人是不切实际的。

43．我对"我不知道的事"比"我知道的事"，印象更深刻。

44．我对"这可能是什么"比"这是什么"更感兴趣。

45．我经常为自己在无意中说话伤人而闷闷不乐。

46．纵使没有报答，我也乐意为新颖的想法而花费大量时间。

47．我认为"出主意，没什么了不起的"这种说法是中肯的。

48．我不喜欢提出那种显得无知的问题。

49．一旦任务在肩，即使受到挫折，我也要坚决完成。

50．从下面描述人物性格的形容词中，挑选出10个你认为最能说明你性格的词。

| | | |
|---|---|---|
| 1 热情的 | 2 谨慎的 | 3 观察敏锐的 |
| 4 老练的 | 5 有朝气的 | 6 不拘礼节的 |
| 7 有理解力的 | 8 无畏的 | 9 一丝不苟的 |
| 10 脾气温顺的 | 11 严格的 | 12 漫不经心的 |
| 13 实干的 | 14 思路清晰的 | 15 性急的 |
| 16 有献身精神的 | 17 有组织力的 | 18 易动感情的 |
| 19 机灵的 | 20 自高自大的 | 21 有说服力的 |
| 22 实事求是的 | 23 不满足的 | 24 泰然自若的 |
| 25 孤独的 | 26 复杂的 | 27 不屈不挠的 |
| 28 虚心的 | 29 有独创性的 | 30 柔顺的 |
| 31 好交际的 | 32 严于律己的 | 33 有主见的 |
| 34 精神饱满的 | 35 足智多谋的 | 36 时髦的 |
| 37 坚强的 | 38 拘泥形式的 | 39 讲实惠的 |
| 40 创新的 | 41 感觉灵敏的 | 42 有远见的 |
| 43 高效的 | 44 乐于助人的 | 45 自信的 |
| 46 铁石心肠的 | 47 可预言的 | 48 精干的 |
| 49 谦逊的 | 50 善良的 | 51 渴求知识的 |
| 52 有克制力的 | 53 束手束脚的 | 54 好奇的 |

## 测试结果

| 题号\得分 | A | B | C |
|---|---|---|---|
| 1 | 0 | 1 | 2 |
| 2 | 0 | 1 | 2 |
| 3 | 4 | 2 | 2 |
| 4 | −2 | 1 | 3 |
| 5 | 2 | 1 | 0 |
| 6 | −1 | 0 | 3 |
| 7 | 3 | 0 | −1 |
| 8 | 0 | 1 | 2 |

| 题号\得分 | A | B | C |
|---|---|---|---|
| 9 | 3 | 0 | 1 |
| 10 | 1 | 0 | 2 |
| 11 | 4 | 1 | 0 |
| 12 | 3 | 0 | −1 |
| 13 | 2 | 1 | 0 |
| 14 | 4 | 0 | −2 |
| 15 | −1 | 0 | 2 |
| 16 | 2 | 1 | 0 |

| 题号\得分 | A | B | C |
|---|---|---|---|
| 17 | 0 | 1 | 2 |
| 18 | 3 | 0 | −1 |
| 19 | 0 | 1 | 2 |
| 20 | 0 | 1 | 2 |
| 21 | 0 | 1 | 2 |
| 22 | 3 | 0 | −1 |
| 23 | 0 | 1 | 2 |
| 24 | −1 | 0 | 2 |

(续表)

| 选项 题号 得分 | A | B | C |
|---|---|---|---|
| 25 | 0 | 1 | 3 |
| 26 | −1 | 0 | 2 |
| 27 | 2 | 1 | 0 |
| 28 | 2 | 0 | −1 |
| 29 | 0 | 1 | 2 |
| 30 | −2 | 0 | 3 |
| 31 | 0 | 1 | 2 |
| 32 | 0 | 1 | 2 |
| 33 | 3 | 0 | −1 |

| 选项 题号 得分 | A | B | C |
|---|---|---|---|
| 34 | −1 | 0 | 2 |
| 35 | 0 | 1 | 2 |
| 36 | 1 | 2 | 3 |
| 37 | 2 | 1 | 0 |
| 38 | 0 | 1 | 2 |
| 39 | −1 | 0 | 2 |
| 40 | 2 | 1 | 0 |
| 41 | 3 | 1 | 0 |
| 42 | −1 | 0 | 2 |

| 选项 题号 得分 | A | B | C |
|---|---|---|---|
| 43 | 2 | 1 | 0 |
| 44 | 2 | 1 | 0 |
| 45 | −1 | 0 | 2 |
| 46 | 3 | 2 | 0 |
| 47 | 0 | 1 | 2 |
| 48 | 0 | 1 | 3 |
| 49 | 3 | 1 | 0 |

第50题选下列形容词每个得2分。

精神饱满的、观察敏锐的、不屈不挠的、柔顺的、足智多谋的、有主见的、有献身精神的、有独创性的、感觉灵敏的、无畏的、创新的、好奇的、有朝气的、热情的、严于律己的。

选下列形容词每一个得1分。

自信的、有远见的、不拘礼节的、一丝不苟的、虚心的、机灵的、坚强的。

其余的得0分。

将分数累计起来。

分数在110~140，创造力非凡。

分数在85~109，创造力很强。

分数在56~84，创造力较强。

分数在30~55，创造力一般。

分数在15~29，创造力弱。

分数在−21~14，无创造力。

## 两大方法教你提高创造力

创造力是人类的生存与发展之本。那么,我们该如何培养和提高创造力呢?你可以试试下面的两种方法。

**方法一,记下一闪而过的好念头。**

好的创意有时就像一只狡兔,它在眼前一蹿而过,仅闪现了耳朵和尾巴。为了捕捉它,你必须全神贯注。当一个好主意不邀自来时,你应该马上记下。当然,并不是每一个主意都有其价值,关键的是先记下,再评估。

**方法二,做做白日梦。**

超现实主义派画家达利总是靠下面的方法去发掘创造力,你不妨效仿。靠躺在沙发上,手执一汤匙,当他昏昏欲睡之际,往往将手中的汤匙掉在地板上的一只盆子里。这种声响会惊醒他,他即马上用草图记下在他半睡半醒之际所想象到的形象。对许多人来说,在床铺上、在洗澡间和公共汽车上,都是发掘创造力的地方。在那个时候,只要你能让你的神思不受干扰,你就会发现你的思绪会像泉水一样汩汩地往外冒。

为了提高创造力,还应该学习一些新鲜的东西。因为新鲜的东西会以新颖的、具有潜在魅力的方式与陈旧的东西进行交流,从而让你产生灵感的火花。如果你是一位银行家,可以学习跳舞;如果你是一位护士,可以学习表演。有空闲时,不妨读一读你知之甚少的一本书,更换你阅读的报纸等,这些方法对你挖掘自己的创造力不无裨益。

## 你是"左脑型"还是"右脑型"

人类的大脑就像宇宙天体那样,神秘无限,能量无穷,世界各国的科学家一直在努力探索和研究。

1981年,美国加州大学医学博士史贝里教授的研究心得《左右脑分工》论文,荣获1981年度诺贝尔医学奖。

史贝里教授的实验证明:人的左脑是抽象思维的中枢,即左脑擅长逻辑思维、分析思维和集中思维，左脑发达的人往往学习能力强。而右脑是形象思维的中枢，即右脑擅长身体思维，发散思维，有着巨大的创造性潜能。下面的测试用来帮助你认识自己是"左脑型"还是"右脑型"，或者你很幸运，在两块大脑半球之间取得了平衡。该测试共有30道小题，为保证测试结果的科学性，请根据自己的实际情况作答。回答A得2分，回答B得1分，回答C不得分，最后汇总。

## 测试开始

1. 你在多大程度上依赖你的直觉？

A. 非常强烈。

B. 不是很强烈，尽管我有时会跟着感觉走。

C. 几乎不会，因为我更相信理性和逻辑。

2. 你是否经常担心人类对待地球的方式？

A. 经常。

B. 偶尔。

C. 几乎没有过。

3. 准时对你很重要吗？

A. 不重要。

B. 比较重要。

C. 非常重要。

4. 你是否经常做一些自己无法解释的梦？

A. 经常。

B. 偶尔。

C. 很少或从不。

5. 下面哪一项最可能激怒你？

A. 规章制度。

B. 粗鲁无礼。

C. 无能。

6. 关于退休，你最担心的是哪一项？

A．没有什么让我担心的。

B．也许是逐渐变老，身体不再像从前那么好。

C．我会感到无聊，因为没有可做的事情来填满空闲时间。

7．下面哪一项对你最有吸引力？

A．能够做那些我喜欢做的事情。

B．拥有美满的家庭生活。

C．在我选择的行业中非常成功。

8．你经常信手涂鸦吗？

A．经常。

B．偶尔。

C．很少。

9．下面哪一个词是对你的最好描述？

A．复杂。

B．知足。

C．精明。

10．下面哪一个词是对你的最好描述？

A．贤明达观的。

B．平静温和的。

C．务实的。

11．你是否认为有时挑衅行为是解决问题的必要手段？

A．在任何情况下都不正确。

B．也许在非常特殊的情况下是这样。

C．是的。

12．你是否对自己从事的职业倾注了大部分精力？

A．没有。

B．我的确很重视自己的职业，但是除此之外我还花很多时间在自己感兴趣的事情上。

C．是的，我认为自己是我所从事的行业的专家，而且工作占据了我大多数时间和精力。

13. 当需要作重大决定时，你喜欢怎样？

A．自己决定。

B．与亲近的人商量并且达成一致意见。

C．向专家咨询。

14. 下面哪一个词是对你的最好描述？

A．情绪化的。

B．果断的。

C．有进取心的。

15. 下面三个选项中，你认为哪一个是学校里最好的课程？

A．像艺术或金属工艺实习这样的实践课。

B．体育。

C．数学。

16. 下面哪一项是对你最好的描述？

A．好奇。

B．很有组织性。

C．严肃认真。

17. 你是否喜欢给自己制订计划并且坚持努力去执行？

A．不是，我喜欢在自我状态良好的时候才去工作。

B．我有时候的确喜欢制订并执行计划，但是按照比较灵活的方式。

C．是的，因为这是做事情的最好方法。

18. 你是否经常获得灵感或新想法，甚至让你的大脑无法停下来，直到你将这些想法付诸实践？

A．经常。

B．偶尔。

C．很少或从不。

19. 假如你现在有大量的空闲时间，下面哪一项最能吸引你？

A．做一些创造性的工作，例如绘画或者雕刻。

B．进行一些体育活动，例如打高尔夫球或保龄球。

C．加入一家健康俱乐部以便让自己保持良好身材。

20．下面哪一项最能让你惊讶不已？

A．诸如大峡谷这样的自然界奇迹。

B．诸如泰姬陵这样的人类杰作。

C．像帕瓦罗蒂或多明戈这样伟大的歌唱家的美妙声音。

21．你最羡慕下面的哪一项？

A．鸟类的飞翔。

B．猎豹奔跑的速度和优雅身姿。

C．狮子的力量和勇气。

22．当坐下来考试时，你发现下面哪一项最难做到？

A．集中精力考试和做完后检查。

B．提前克服紧张情绪。

C．不担心我是否能取得高分。

23．下面哪一个词是对你的最好总结？

A．反传统的。

B．明智的。

C．耐心的。

24．你对谚语"要做的事情太多，而时间太少"的看法是什么？

A．我同意，而且有时会因此感到十分沮丧。

B．我承认的确有很多我想做但没有时间做的事情，但我不会因此而担心、沮丧。

C．我没怎么考虑过这个问题。

25．下面哪个说法最能代表你对犯错误的观点？

A．犯错误是生活的一部分，而且非常重要，因为我们可以从错误中学习。

B．唯一不犯错误的人是那些什么都不做的人，而这就是最大的错误。

C．我们都会犯错误，但是在生活中，成功属于那些犯错误最少的人。

26. 你是否觉得很难持续地工作，中间不停下来干点别的？

A．是的。

B．有时是这样。

C．通常不是这样。

27. 选择度假地点时，你最注重下面哪一个？

A．优美的风景。

B．阳光、海洋和沙滩。

C．令人兴奋的夜生活。

28. 你认为下面哪一个词最适合你？

A．空想家。

B．坚定的。

C．有条理的。

29. 当需要对重要文件进行归档时，你是否很有条理？

A．压根就没有什么条理。

B．相当有条理。

C．非常有条理。

30. 你最喜欢别人怎样描述你？

A．充满想象力和创新意识。

B．和蔼、健康。

C．值得信赖、可靠。

## 测试结果

30分以下：与这个世界上的大多数人一样，你是左侧大脑占主导地位的人。

30~47分：你在左、右半脑之间有比较好的平衡，没有过分地偏重其中某一侧。

48~60分：你的得分表明你是一位偏重右半脑的人。

## 发挥你的"全脑智慧"

美国心理学家奥斯汀博士根据他的研究成果发现：当人们的左右

脑较弱的一边受到激励而与较强的一边合作时，会使大脑的总脑力效应增强5至10倍。

仅仅依靠左脑或者右脑都是片面的，根本没有充分发挥大脑的潜能，只有左右脑协作才是科学的用脑方法，才能发挥大脑的优势，提高我们解决问题的能力。"全脑智慧"就是既要运用左脑，又要积极开发右脑潜能，左右脑双管齐下，互相配合，平衡发展，发挥大脑潜能，最大限度地提高解决问题的能力。

古今中外许多杰出的科学家、艺术家都是善于运用"全脑智慧"的人。20世纪伟大的科学家爱因斯坦的脑袋不单只装满了数学和公式，他还酷爱演奏小提琴，年轻时更爱做白日梦。他告诉世人他的"广义相对论"来自一个想象自己乘着一束阳光到宇宙深处旅行的白日梦。实际上，他当时是用右脑塑造一个美丽的思想旅程，接着再用左脑（一副储满丰富科学知识与理论和拥有高度逻辑思考力的大脑），去发展一套崭新的数学及物理理论，来解释他所见到的幻境。

英国作家、心理学家托尼·巴赞一针见血地指出："你的大脑就像一个沉睡的巨人。"

那么，如何才能让这位沉睡中的巨人苏醒呢？

心理学实验证明：人脑每思考一个问题，就会在大脑皮质上留下一个兴奋点，思考的问题越多，留下的兴奋点也就越多。然后这许许多多的兴奋点就会形成一个类似于网络的东西，每当你遇到新问题时，只要触动一点，就会牵动整个网络进行相关搜索，以此来解决问题。

所以，唯有多思考，才能使脑细胞的细微结构发生变化，才能在大脑皮质中形成更多的兴奋点，才能使大脑对信息的储存、提取和控制能力有所加强，使大脑更加灵活、敏捷，反应更快，由此，才能使你的全脑资源得到更好的发挥。

## ☀ 你的大脑工作能力如何

人类学、心理学、逻辑学、社会学和生理学的一系列最新研究成果证明，人的潜在能力是巨大的。当代科学使我们懂得人的大脑结构和工作情况，大脑所隐藏的潜能使我们目瞪口呆。在正常情况下工作的人，一般只使用了其思维能力的很小一部分。如果能开发自己的大脑达到其一半的工作能力，我们就可以轻而易举地学会40多种语言，记住大百科全书的全部内容，还能够学会数十所大学的课程。

你的大脑工作能力如何呢？下面的测试题将使你更好地了解自己的大脑工作能力。整个测试由Ⅰ，Ⅱ，Ⅲ，Ⅳ，Ⅴ5个分测验组成。请根据你的实际情况与真实想法，用最快的速度回答"是"与"否"。

## 测试开始

Ⅰ

1．想干的事情很多，却不能专心于一件事情。
2．刚看完的书（笔记）会重新阅读好几遍。
3．工作（学习）时，很注意周围人的言行举止。
4．听别人说话时，常常心不在焉。
5．说话时，有时会无意识地说起其他的事情。
6．工作（学习）时，常常思绪飞扬，不能专心。
7．一件事做的时间太长后，就会急躁地希望早点结束。
8．很难忘记被人指责的情景。
9．一有担心的事，便整天搁在心上，不能安于工作或学习。
10．工作（学习）时不能安心，往往急于想干另外一项工作（学习）。
11．看书学习的时间不能持续两小时以上。
12．开长会时常常处于半睡眠状态。
13．工作（学习）时，总觉得时间过得太慢。
14．有时忙忙活活一天，什么都想干。
15．在等人时，感到时间长得难熬。

Ⅱ

1．交往的朋友大多是志趣、想法一致的人。
2．经常注意他人的言行举止。

3．过去和现在都不大改变自己的兴趣和爱好。

4．不愉快的事情发生后久久不能忘却。

5．与年龄差距大的人共同语言较少。

6．常常阅读相同性质的图书。

7．不喜欢受时间表的约束。

8．一有麻烦难办的事情，总是记挂在心。

9．一旦改换与平时不同的服装，就会浑身不自在。

10．因为自己的性格不适宜做接连不断的工作。

11．往往执着于无关紧要的琐碎小事。

12．喜欢把众多的事情集中起来处理。

13．与性格不同的人不大说话。

14．不会主动积极地参加会议和文娱活动。

15．对频繁调换各种交通工具感到疲倦。

Ⅲ

1．不喜欢与思考方法、生活方式不同的人一起研究工作。

2．对新领导不能很快熟悉。

3．喜欢专心于一项工作（学习）。

4．不太喜欢托人办事。

5．不喜欢同时做不同的事情。

6．不喜欢扩大工作和爱好的范围。

7．对突发事件不能马上适应。

8．工作（学习）不按部就班进行就感到不适应。

9．别人总说自己是个头脑固执的人。

10．对中途改变计划的事情很恼火。

11．不太喜欢耍小聪明。

12．不太喜欢改变生活环境。

13．基本上与同一个朋友交往。

14．不大愿意接受与自己不同的意见。

15. 被吩咐做不想做的事情会束手无策。

### Ⅳ

1. 经常自己找乐，激发生活情趣。

2. 喜爱唱歌跳舞。

3. 因为容易遗忘小事，养成立即记笔记的习惯。

4. 经常做一些自己所爱好的事情和体育活动。

5. 从不胸痛和胃痛。

6. 着重记住要紧的事，善于忘记不重要的事情。

7. 即使发生令人头痛的事情也不会感到焦头烂额。

8. 常常对自己的想法直言不讳。

9. 与人交往时畅所欲言。

10. 能很快入睡。

11. 早晨起来总是精神饱满。

12. 比一般人会寻找生活的乐趣。

13. 对某事发生兴趣后，往往从理论上探讨其原因。

14. 一听到音乐便兴致勃勃。

15. 妥善解决问题后往往有解脱感。

### Ⅴ

1. 呼吸既深又长。

2. 每天进行全身运动。

3. 经常吃豆类蔬果类食物。

4. 不过量饮酒。

5. 不通宵熬夜或透支脑力体力。

6. 经常训练记忆力而不依赖于记录。

7. 思维清晰，言行果断，不含糊暧昧。

8. 每天带着明确目标有计划地工作（学习）。

9. 保持精力充沛，精神饱满。

10. 睡醒后感觉得到了充分休息。

11. 无论何时何地都能做到充分地松弛。

12. 不吸烟。

13. 平时多吃水果蔬菜，少吃高糖高脂。

14. 经常总结并思考问题。

15. 经常精神愉快地工作（学习）。

## 测试结果

以上Ⅰ，Ⅱ，Ⅲ，Ⅳ，Ⅴ5个分测验测试的目标分别为集中力、转换力、灵敏性、调节性和缜密性。请将Ⅰ，Ⅱ，Ⅲ分测验中回答"否"和Ⅳ，Ⅴ分测验中回答"是"的个数（每个计1分）分别累计起来作为得分，在下表中找出大脑工作能力的相应评定。

| 状态<br>分测验与得分 | 很差 | 较差 | 一般 | 较好 | 很好 |
|---|---|---|---|---|---|
| Ⅰ. 集中力 | 0～3 | 4～7 | 8～11 | 12～13 | 14～15 |
| Ⅱ. 转换力 | 0～3 | 4～6 | 7～9 | 10～12 | 13～15 |
| Ⅲ. 灵敏性 | 0～3 | 4～6 | 7～9 | 10～12 | 13～15 |
| Ⅳ. 调节性 | 0～4 | 5～8 | 9～11 | 12～13 | 14～15 |
| Ⅴ. 缜密性 | 0～4 | 5～8 | 9～11 | 12～13 | 14～15 |

本测试得分较低时，并不意味着被试者的大脑功能必然不行，每个正常人在气质和性格方面都有其特点和长处，最重要的是认清自己的特点，扬长避短。Ⅰ，Ⅱ，Ⅲ，Ⅳ，Ⅴ5个分测验的含义分别如下。

## Ⅰ. 集中力

8分以下：缺点是不能集中精力把一件事长久和深入地做下去。优点则是具有出色的接受信息和适应各种工作的能力，对周围的环境、外界的刺激感受性强，对事物的观察范围广、数量多，言行较顾全大局，具有较高的灵活性。因此，在提高集中力的同时，千万不要失去现在所具备的长处。

11分以上：完成工作的成功率很高，但是，作为团体中的一员，却不擅长与他人一起工作。由于灵活性不够，常会缺乏对环境的适应性。因此，全神贯注的时候，也要注意周围环境的变化。

## II. 转换力

7分以下：大多是性格坚韧的人，因为有耐心，无论对什么工作，既然承担了责任，就会做到最后。工作上习惯于"单打一"，注重规则和墨守成规，因而缺乏灵活性；不喜欢变化，能与人保持持久的友情。

9分以上：善于多头出击，灵活应变，思路转换迅速，对一个问题能全方位多角度地进行分析与判断，具有能同时处理多件工作的广泛适应性。这样的人往往能够很好地应付和处理各种不同性质的事务。

## III. 灵敏性

7分以下：这种人对先前规定好的事情会想尽办法去完成，责任感非常强，极有韧性。一旦由集体决定了的事情，便认真踏实地去履行自己的职责。耿直固执，有着较难相处的缺点。

9分以上：具有灵活、机智的特点，对外界的刺激反应敏锐，行动迅速，具有决断力。不足之处是兴趣容易改变，有时缺乏集中力。要注意的是由于言行多变，容易被人误解为浮躁和意志薄弱。

## IV. 调节性

9分以下：很多是性格比较内向的人，性情不够爽朗，缺乏生活乐趣，同时喜欢钻牛角尖，死心眼，对己对人求全责备，因而精神往往处于高度紧张状态。责任心很强，无论做什么事，绝不敷衍了事。

11分以上：此类人大脑活动张弛有度，对外界的刺激反应迅速而适宜，有清晰敏锐的判断力，适应性强，即使失败也会迅速改变压抑的情绪，在压力下表现出坚忍不拔的精神。因此，适合做开创性的工作。

## V. 缜密性

9分以下：性格上有自由散漫、不拘小节的一面，很少注意保养身体，缺少节制甚至放纵自己，意志相对薄弱；做事没有周密计划，丢三落四，粗枝大叶，言行轻率。其优点是活泼好动，随和开放，适应环境的能力较强。

11分以上：谨慎、细心、周密，情绪稳定，心态平和踏实，生活讲究规律，工作学习有计划性，懂得劳逸结合。所有的事情都有一定的日程安排，无论工作多么繁重，都会出色地完成。与其他人相比，不大感到工作的压力，往往能高效率地处理好超过自己能力的工作。

## 如何提高大脑工作能力

头脑的好坏，不是天生的，主要看你后天如何利用它。所有有成就的科学家、文学家无一例外都是长期善于用脑思索者。他们的成功都离不开对大脑的不断使用。

我们要开发潜能，利用更多的脑细胞，最简单、有效的方法就是经常把新的知识和信息通过脑细胞去刺激大脑。例如，读书、看报或注意听别人的谈话，对发生在身边的事勤于思索，多问"为什么"，养成这样的习惯，对保持灵活的头脑大有裨益。

俗话说："生命在于运动。"而脑的运动更为重要。研究表明，对于一个人来说每10年大约有10%控制高级思维的神经细胞萎缩、死亡。信息的传递速度也随年龄的增长而逐渐减慢。但这并不会影响大脑功能，如果坚持用脑和注意脑营养的补充，每天又有新的细胞产生，而且新生的细胞比死亡的细胞还要多。

日本科学家曾对200名20~80岁的健康人进行跟踪调查。他们发现，经常用脑的人到60岁时，思维能力仍然像30岁那样敏捷；而那些三四十岁后就不愿动脑的人，脑力退化得很快。

美国科学家做了另一项实验，把73位平均年龄在81岁以上的老人分成3组：自觉勤于思考组、思维迟钝组和受人监督组。实验结果是：自觉勤于思考组的血压、记忆力和寿命都达到最佳指标。3年后，自觉勤于思考组的老人都还健在，思维迟钝组死亡12.5%，而受人监督组有37.5%已经死亡。

从这些实验我们可以看到，大脑的使用不仅可以影响大脑自身功能的开发，而且对人的健康也大有影响。

大脑可说是上天赐给人最神奇的礼物了，它几乎能帮助我们达成一切心思，而它所具备的潜能也是无比丰富的。如果你能多留意自己所拥有的这个超常机器，就能不断地开创出充满希望的未来。

## ❋ 你的想象力怎样

想象是对头脑中已有的知识材料进行加工、创造出新形象的过程，比如哥白尼提出太阳中心说，人类能进入太空对地球和太阳的形状、相对位置进行全面的考察，这些依靠的都是想象力，可见想象力在我们人类的生产、生活发展中起了不可估量的作用。

爱因斯坦说过："想象力比知识更重要。因为知识是有限的，而想象力则概括着世界上的一切，推动着人类进步，并且是知识进化的源泉。"

黑格尔也断言："如果谈到本领，最杰出的艺术本领就是想象。"

每一个成功者最初都会对未来有所想象，正是这些想象使他们勇往直前地朝自己的目标前进。那么，从你自身来讲，想象力如何呢？请从如下测试中寻找答案。

### 测试开始

1. 请看下图的图形像什么？答案越多越好，下图所示：

2. 请看下图的图形像什么？答案越多越好，如下图所示：

3. 下图中，第一个都是立体物体，从后面图像中找出一个与第一个立体物体相同的，但只是方位不同的选项。其中存在没有相同的可能。

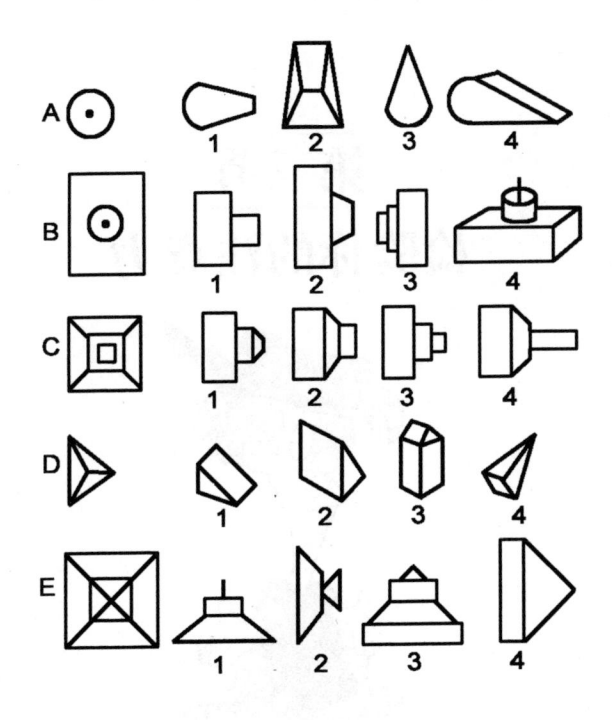

## 测试结果

第1，2题略。

第3题：A.3　　　　B.4　　　　C.4　　　　D.没有　　　　E.3

1、2题如果你只说出3个答案，那你的想象力太低了。如果能说出4~8个答案，说明你的想象力不错，如果能说出9个以上，恭喜你，你的想象力实在是太丰富了。第3题如果你能全答对，你的想象力就很丰富了；答对3个以上，想象力还可以；答对3个以下，想象力有待训练。

## 提高想象力的三个方法

想象力是在头脑中对记忆的表象进行加工改造，从而形成和创造新形象的能力。如何提高自己的想象力呢？

一要努力积累大量的知识经验，这是丰富想象力的基础。

二要敢于怀疑和善于独立思考。

三要开展丰富多彩的活动、激发想象力，如参加音乐、绘画、体育锻炼、生产劳动等各类社会交往活动。

## 第三节
## 检验你的注意力

### ❋ 你的数字敏感度怎样

数学不好的人,数字能力就不好吗?对数字敏感的人,成本掌控能力就一流吗?虽然答案未必是肯定的,但若想在工作或学习上事半功倍,就必须养成对数字敏感的好习惯。

在工作场合里,我们会看到很多数字,但是我们不见得要计算这些数字,重点是对于数字要有一种"感觉"。具体地说,就是要在心中对于数字所反映出来的真实,依据自己的专业与经验,建立起一套评断的标准,然后据此采取行动。这就是我们所说的"数字敏感度"。

你的数字敏感度如何呢?下面的这套测试题或许能让你对此有所了解。该测试共有9道题,请尽自己的能力作答。

**测试开始**

**1. 交叠的圆圈**

下面有3个交叠着的圆,请你将4至9各个数字填入圆内空位里,使每个圆内的数字和都等于21。

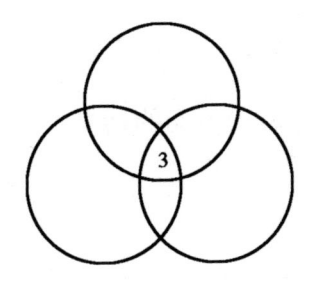

### 2. 直线圆圈

把4~8这5个数字填在下面的圆圈中，要使每条线上的数字和都是18。

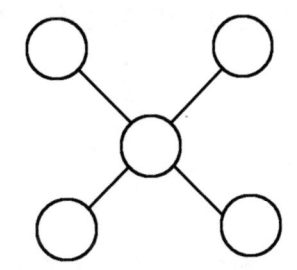

### 3. 相同的和

请把3个2、3个3、3个4填在下图的圆圈内，使每条直线上3个数的和都等于9。

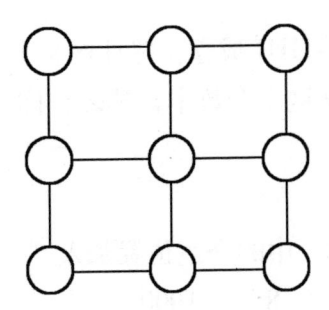

### 4. 巧填等式

请将1，2，3……9这9个数字分别填在下面3个算式的9个括号内，使等式成立。

（　　）+（　　）=（　　）

( ) − ( ) = ( )

( ) × ( ) = ( )

## 5. 填数字

把 0~9 这 10 个数字填入下面的括号中，每个数字只能使用一次，使等式成立。

( ) + ( ) = ( )

( ) − ( ) = ( )

( ) × ( ) = ( )

## 6. M 是什么数字

从下面的算式中，你可以判断 M 是什么数字吗？

M×M÷M=M

M×M+M=M×6

(M+M)×M=10×M

## 7. 填入数字

在下面的括号中填入数字 1~5，使等式成立，但每个数字只能使用一次。

( )÷( )+( )−( )=22÷( )

## 8. 猜数字

如果 ABC−DEF=GHI 成立，并且这 9 个字母分别表示的是 1，2，3，4，5，6，7，8，9 这 9 个数字，那么，你能猜测出来，他们分别代表哪一个数字吗？

## 9. 仅用加法

在下面的 8 个"8"中的合适位置加入"+"，使等式成立。

8 8 8 8 8 8 8 8=1000

## 测试结果

1. 答案：

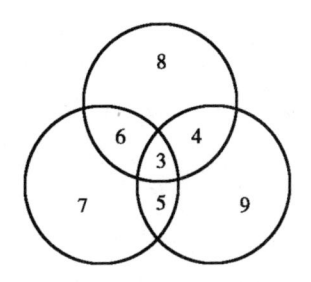

## 第二章　正视智商——成就人生的辅助力量

**2. 答案：**

在 4，5，6，7，8 这 5 个数中，4+8=12，5+7=12，剩下中间一个数 6，6 与 12 相加恰好等于 18，所以应把 6 填在中间的圆圈里，另外每组的两个数填在每条线的两边圆圈里。

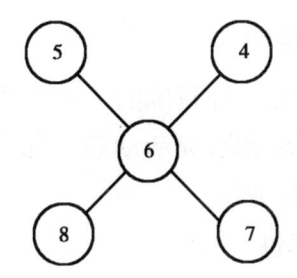

**3. 答案：**

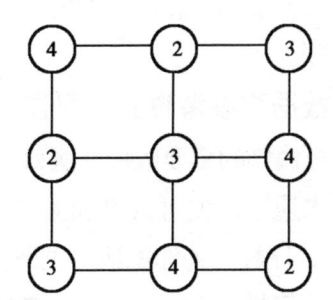

**4. 答案：**

(5) + (4) = (9)

(8) − (1) = (7)

(2) × (3) = (6)

**5. 答案：**

(6) + (3) = (9)

(8) − (7) = (1)

(4) × (5) = (20)

6. 答案：

M 是 5。

7. 答案：

(3) ÷ (2) + (5) − (1) = (22) ÷ (4)

8. 答案：

这个等式是 927−586=341，它们各自代表的数字也可以相应看出。

9. 答案：

8+8+8+88+888=1000

## 如何提高数字敏感能力

对数字的敏感能力是一种基础的工作能力，如以统计为基础的商业活动，以及高科技领域和研究活动等，如何提高自己的数字敏感能力呢？这里向你提供9种方法。

### 1. 认识数字的重要性

"在商业世界里，数字非常重要。"这句话看似抽象，却很真切。数字就像是体检表，是行动的结果和评价的工具。数字也像是仪表板，可以指引方向和预测未来。

### 2. 养成凡事附上数据与参考资料的习惯

数字是沟通、说服及谈判的重要依据。例如，如果你想申请增加设备，但是多次呈报申请书却未通过，便可试着加上"增加投资设备，可达到总费用节省多少钱的结果"，让数字为你说话，或许就能提高通过的概率。

### 3. 在评估或分析任何情况时，都试着将其数字化

简单明了的数字，十分有助于记录、传达、比较及分析等商业行为。这就像是学习做一个"重视金额"的人，凡事不以感情（感觉、印象、善恶）作判断，而是以"金额"、"数字"、"比率"作为衡量的尺度。例如，如果认为举办宣传活动可提升产品知名度，那就试着将"知名度"换算成"金额"。

此外，在传递讯息时，为力求简洁、完整而有重点，可以将内容区分成几个重点，依重要性高低排列，并且说明问题所在及解决方案。

### 4．经常以矩阵图思考问题

面临错综复杂的问题时，可用矩阵图加以展开，从中可发掘出未曾发现的问题点，然后再依据问题点的急迫性与重要性，研拟对策。

### 5．有时间观念

假设A公司1小时能处理1单位的工作量，B公司则是1小时10单位，这个10倍的差异，可换算成B公司1年处理的工作量，A公司得耗时10年。时间可以换算成金钱、效率，更直观地展现。因此，有数字敏感能力的人不会虚度光阴，会守时、守信用。

### 6．有效运用资金

要发挥金钱的价值，就必须在使用金钱之前，预测效果或效益如何，使用之后更要详细确认。在日常生活中，养成大小事情都必以"损益计算"的方式来思考。

### 7．追究数字出错的原因

数字出错时，不是更正即可，更要探究导致错误的原因，并且提出预防过失再度发生的对策。

### 8．保留数字修正的记录

将错误的数字更正后，仍要保留原本（错误）的数字，一方面可供日后检视修正过程的原委，另一方面可作为重要的检核点，因为修正过的数字，仍有可能出错，因此"修改记录"可作为审慎计算的重要提醒。

### 9．随时掌握最新的数据

过时的数据不但没有意义，甚至会造成误导，因此一定要迅速、正确地处理资料，随时将数字的记录更新成最新的资料。

## ❂ 检测你的分析能力

分析，就是对事物或事情的状况进行分析、剖析，搞清其性质、范围、特点、发展的程度、产生的原因以及与其他各方面的相互关系等，就是把一个看似复杂的问题，经过理性思维的梳理，变得简单化、规律化，从而轻松、顺畅地解答出来。

著名的哲学家路德维格·维特根斯坦感慨地说："从逻辑的角度来看，没有任何事情是值得奇怪的。"分析能力是一项重要的应用性智能思维能力。分析能力的高低是一个人潜力水平的体现。分析能力不仅是先天的，在很大程度上取决于后天的训练。分析能力较差与较强的人在解决问题时大相径庭，一个是束手无策，而另一个是应对自如。那么你的分析能力怎么样呢？若想了解的话，请做下面这套测试题。该测试共有10道题，请尽自己的能力作答。

## 测试开始

1. 用小圆炉烤饼（每次最多只能同时烤两个），每个饼的正反面都要烤，而每烤一面需要半分钟。请问怎样在一分半钟内烤好3个饼？

2. 假定桌子上有3瓶啤酒，每瓶平均分给几个人喝，但喝各瓶啤酒的人数不相等，不过其中一个人喝到了3瓶啤酒，且每瓶啤酒的量加起来正好一整瓶。请问：喝这3瓶啤酒的各有多少人？

3. 今天是丹尼爷爷出生后的第20个生日（出生那天不算在内）你能够很快算出丹爷爷的生日吗？

4. 有一个商人，临终前对妻子说："你不久就要生孩子了。如果生的是女孩，你就把财产分给她1/3，你留2/3；如果是男孩，就分给他2/3，你留1/3。"商人死后不久，妻子生了孩子，可她生的是双胞胎，一个男孩，一个女孩。那么，财产应该如何分配才能满足商人的遗愿呢？

5. 南美某原始部落的男人们都穿一种缠腰布式的服装。如果部落人只能在每个星期一晚上把脏衣服送到城里洗衣店去洗，且同时将干净衣服取回。请问：每个男人至少有几件衣服才能保证他们每天都有干净的衣服穿？

6. 吉米喜欢登山，一天他随登山队登上了数千米高的山峰后，发现自己一向非常准的机械表走得快了，而下山以后却又发现手表和以前走得一样准确。你知道手表不准的原因吗？

7. 在一建筑工地上，有一深达 1 米的矩形小洞，一只小鸟不慎跌了进去。小洞很狭窄，人的手臂伸不进去，若用两根树枝去夹，又可能伤害小鸟。试想出一个简便的方法把小鸟从小洞中救出来。

8. 两只同样的烧杯内均盛装着 100℃ 热水 500 毫升。如果在一只杯子内先加入 20℃ 冷水 200 毫升，然后再静止冷却 5 分钟；而另一只杯子先静止冷却 5 分钟，然后再加入 20℃ 冷水 200 毫升。请问，此时，这两只烧杯内的水温哪一个低？

9. 一列火车离开波士顿开往芝加哥，与此同时，另一列火车离开芝加哥开往波士顿。从波士顿出发的火车 100 千米／小时，从芝加哥出发的火车 80 千米／小时。请问，当两列火车相遇时，哪一列火车离波士顿较近？

10. 妻子打电话给丈夫，要替自己买一些日用品，同时告诉他，钱放在书桌上的一个信封里。丈夫找到信封，看见上面写着 98，就把钱拿出来放进衣兜里。在商店他买了 90 元东西。付款时才发现，他不仅没剩下 8 元，反而差了 4 元。回家后，他把这件事告诉妻子，怀疑妻子把钱点错了。妻子笑着说，她没错，错在丈夫身上。聪明的你知道这是为什么吗？

## 测试结果

1. 将 3 只要烤制的饼编号成 A，B，C。先把 A，B 两只饼放在炉上烤；半分钟后，把 A 翻个面，同时取下 B，放上 C 继续烤；又过了半分钟后。取下 A，换上 B，烤 B 未烤过的一面，同时把 C 翻过来。

2. 喝这 3 瓶啤酒的人数为 2 人，3 人，6 人。即第一瓶 2 人喝，每人平均喝半瓶；第二瓶 3 人喝，每人平均喝 1/3 瓶；第三瓶 6 人喝，每人平均喝 1/6 瓶。其中一个人三瓶都喝了。加起来的量（1/2＋1/3＋1/6）正好是一瓶。

3. 丹尼爷爷生日是：2 月 29 日。

4. 按商人的遗愿应将财产分为 7 等份，然后给男孩 4 份，给女孩

1份，给妻子留2份。

5. 15件。每个男人在星期一晚上，必须送洗7件，同时取回7件；另外，在这一天他身上还要穿1件。

6. 机械手表的摆轮在摆动时要受到空气的阻力，高山上的空气比平地上的空气稀薄，所以，高山上的手表比平地上的手表走得快一些。

7. 把沙慢慢灌入洞里，这样小鸟便会随洞中沙子的升高而回到洞口。

8. 第二只杯内水温低（先做一次实践，再想想是何道理）。

9. 当两列火车相遇时，它们离波士顿的距离应该相同。

10. 丈夫把86倒过来，看成98了。

在这10道测试题中，如果你能顺利地正确回答出8道题以上，说明你的分析能力很强。如果你顺利地回答出6~8道题，说明你的分析能力一般，还比较正常。如果你答题的正确率在6道题以下，那你的分析能力就很差，要注意平时多加训练和思考。

## 提高分析能力的途径

提高分析能力，不仅有赖于思考能力和观察能力，同时也和知识面、信息流动及平时占有多少资料有关。倘若手中没有或缺少信息资料，就像战士手中没有枪或缺少子弹、工人手中没有或者缺少原材料一样无法操作。占有资料、占有信息是分析的物质基础，尤其是一些最新资料，它可以给你提供急需的、新颖的事物发展动态，是我们进行分析时少不了的"案头顾问"。

在纷纭复杂、浩如烟海的资料、信息中，有反映事物本质的真实资料，也有不反映事物本质的虚假资料。所以，我们在进行分析时要下一番功夫，去粗取精、去伪存真、由此及彼、由表及里，由分散到集中，由具体到概括地工作。切忌分析的主观、片面和表面化。

此外，提高分析能力的另一个途径，就是要坚持多学习、多实践，要做到理论与实践相结合。必须勤动脑、善思考，这是有效促进知识转化为能力的重要机制。那种懒于思考、不爱动脑筋的人，不可能具有高超的分析能力。

实践是增长才干的源泉，要善于抓住每一次实践的机会，将其视为培养、锻炼、提高分析能力的良机，倍加珍惜，这是非常重要的。我们应当认真对待职责范围内的、常规例行性的工作，诸如各项工作的计划和部署、各类信息的收集和整理（加工）、季度年度工作总结、撰写调查报告等。这些都是提高分析能力的必要环节，切不可马虎对待、敷衍了事。图形式、走过场这种不认真的工作态度，不仅损害了工作质量，也不利于自身素质的提高和锻炼。

## 检测你的记忆力

记忆是人脑对经历过的事物的反映。它分为3个环节，即识记、保持、回忆或再认识。从信息加工的角度看，记忆是对输入信息的加工、编码、储存和提取的过程。这里加工、编码相当于识记，储存相当于保持，提取相当于回忆和再认识。记忆力是智商最重要的组成要素。

总的来说，人在记忆方面的能力非常大，但相对来说，我们每一个人的记忆能力却有很大的差别，有的人记忆力高，有的人则低。那么，你的记忆力如何呢？下面的一套记忆力测试题可以帮助你了解一下自己在这方面的能力。该测试共有20个小题，请据实作答。

### 测试开始

1．从以下4个选项中选择一个与你相符的：
A．你很轻易地就能把以前看到的东西清晰地回忆起来。
B．你需要一些提示，但还能比较清晰地辨别出以前看过的东西。
C．即使有一些零碎的片段，也已经把东西都忘光了。
D．你经常把以前的记忆与其他记忆混淆，把东西记错。

2．平常用什么方式记东西？
A．用整体来记忆，也就是把要记的东西综合归纳。
B．以部分来记忆，也就是把对象分开，然后逐一记忆。

3．在记忆一件东西后，你是否会很快再重温一遍，以便记得更

牢？（是或否）

4．你能在记忆时仔细观察对象，并考察与其相关联的事物，以便记忆得更清楚吗？（是或否）

5．你能不能在面对大量信息时，把最重要的部分找出来并单独记忆？（是或否）

6．你会借助一些其他的方式，如听、说、写或亲身的经历，来加深你对记忆对象的认可，使你记得更牢吗？（是或否）

7．当你所碰到的只是日常琐事或无关紧要的事时，你是否很快会忘记？（是或否）

8．当你面对一些比较枯燥的东西，比如字母和数字，你是否用理解或关联的方法记下来？（是或否）

9．你平时习惯用阅读，尤其是精读的方式来搜寻并储存信息到大脑中吗？（是或否）

10．当碰到难题时，你是否能够不求助他人，单独解决？（是或否）

11．你在面对一件比较重要的事时，是否能集中自己的注意力，告诉自己一定要记住？（是或否）

12．你对所要记住的东西有兴趣，很想一探究竟吗？（是或否）

13．你是否在面对众多信息时，也能把对自己有用的东西很快找到？（是或否）

14．当你面对一个较为复杂的事物时，你能够找出其中的联系以及各个部分的相同点和不同点吗？（是或否）

15．在记忆比较疲劳的时候，你会不会把要记忆的东西换成另一种东西？（是或否）

16．你是不是习惯将有关联或有相似点的事物归纳到一起记忆？（是或否）

17．你能利用其他辅助的方法，如表格、图样或总结等来帮助你记忆？（是或否）

18．你平时是否会随身携带笔记本以便随时记录信息？你是否有写

日记或感想的习惯？（是或否）

19．你是不是一定要先理解了才能记住某件东西？（是或否）

20．在记忆的过程中，你是否会用将对象与其他事物相关联的方法，以此来更好地记忆？（是或否）

## 测试结果

在第 1 题中，选 A 的人记忆力较强；选 B 的人记忆力一般；选 C 的人记忆力不够好；选 D 的人记忆力比较混乱、模糊。

在第 2 题中，调查表明，选择前一种记忆方式的人拥有较强的记忆力。

第 3～20 题中，答"是"表示你懂得记忆的正确方法，记忆力较强。答"否"的人记忆方法欠妥，记忆力需要提高。

## 提高记忆力的两大方法

记忆能力非常重要，在很大程度上决定了你是否能够胜任自己的本职工作。如果你的记忆能力欠佳，甚至有严重的健忘症，就需要在平时的生活、工作中注意调节自己的情绪、缓解压力、放松心情，还要调节自己的生物钟，从饮食、睡眠等调节下功夫，相信你的记忆力会有所提高。

接下来我们就来简单了解一下科学记忆的方法，并让我们循着这些正确途径，走进大脑的"黄金宝库"吧。

### 1．理解记忆法

记忆归根结底还是要以理解为基础。

所谓理解就是抓住事物最本质的东西，获得规律性的认识。识记 91，86，81，76，71，66，61 这 7 个数字，若是一个一个地硬记很难记住，如果仔细研究一下，注意到这 7 个数字依降序排列，前一个数字比后一个数字多 5，7 个数字都是如此，即所谓等差数列，那么只要记住第一个数字或者最后一个数字，其他数字就很容易推算出来了。

苏联教育家苏霍姆林斯基说："你对问题考虑得越深入，你的记忆就越牢固。没有理解之时，不要试图去记忆，这会浪费时间。"理解就是掌握事物内在的、本质的、必然的联系。背诵课文首先要理解课文的内容、用词及结构特点；识记历史年代、地名、地理位置等，也需要一定的理解再加上联想把识记对象同其他有关事物联系起来，掌握特点及其规律性。总之，先求理解，再求记忆，才能获得好的记忆效果。

### 2．串联记忆法

我们在日常的学习生活当中常常会有这样的体会，孤立地记一个字词、人物、年代、事件和物品往往难以记住，但把它和其他相关的特别是有趣的事物串联起来就比较容易记。

举例而言，有5样不相干的东西：椅子、床、窗户、烟、电话。如果一件件硬记，那是不容易的，但如果你把这5样东西有趣的串联在一起：你正坐在窗前的一张椅子上，抽着烟，接着电话，不知不觉中，烟灰落在了身旁的床上，突然一阵大火熊熊燃起，你大惊失色，连救命都忘喊了……

形成趣味性质的想象记忆，就会获得好的效果，收到事半功倍的效果。

总而言之，每个人都应该根据自己的实际情况，总结经验，加强学习，来提高自己的记忆力，丰富自己的"智力宝库"。

# 第四节
# 关注你的感知能力

## ☀ 关注你的感知能力

在心理学中,"感知"这个术语的意义非常广泛,它几乎可以包含客体的所有方面。大体上,感知包括我们如何感知自己,如何感知他人,以及他人如何感知我们。感知还包括我们如何感知整个世界——大图景,以及我们如何感知出现在这个大图景中的各种不同的事件、情境和形势。

下面的测试中包括12道试题,用来测试你的感知能力以及对细节的注意力、思维的敏捷力、横向思维能力,以及避免被表面现象蒙蔽的能力,测试题比较有趣,而且能够达到增强你的感知能力的效果,限30分钟内完成。

**测试开始**

1. 下面的图中有多少个圆,多少个正方形?

2. 下面的这些单词为什么按这种顺序排列？

idea,knob,epic,hard,rare,wolf,sing,inch

3. 下面这些单词对有什么联系？

Noma dride

Melon done

Prom echo

Chop arising

4. 爱丽丝给她的朋友发了一封密码信。你能够破译它吗？

Nia gareh tego tyt pmu htu pt'nd luocn ams'g nikeh tllad nases rohs'g ni kehtl la

5. 时间还差19分到整点。不要看钟，从分钟指针开始，按逆时针方向对下面的罗马字母进行排序。

Ⅱ　　Ⅺ　　Ⅸ　　Ⅲ

6. 在下图中，除了三角形和平行四边形之外，还有没有其他的几何形状？

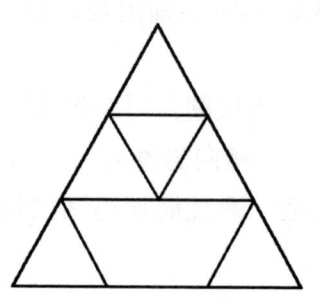

7. 无论在什么情况下，一个男人和他的寡妇的女儿结婚，这样做是否合法？

8．假设你是一位公共汽车司机。在第一站，有3位女性、4位男性和6名儿童上车。在第二站，4名儿童和2位女性上车，1位男性下车。在第三站，上来1位女性。请问这位司机身高是多少？

9．你将一块厚木板锯成大小相等的12块，并且将它们分成2堆，每堆6块。这时，你发现还有第三堆木头，为什么？

10．一位著名的中国魔术师宣称，他无须让乒乓球弹在任何表面或物体上，就可以用自己的手让球运动一段较短的距离之后，自动停下来，然后又回到他手中。他是如何完成这种技艺的？

11．Emphatically, famous frauds are the cause of many hours of frenzied yet fruitful scientific police research, combined with the experience of years.

请计算上面句子中字母"F"出现的次数。只允许数一次，不得重新核对。

12．弗兰克的母亲有3个孩子，第一个叫"六月"，第二个叫"五月"。第三个孩子叫什么？

## 测试结果

1．没有圆，也没有正方形。回答正确得4分。

图中只有四个黑圆的3/4，但是这种排列方式产生了中间正方形的错觉。如果你仔细看，你会发现既没有正方形，也没有圆。

2．这些单词的最后一个字母依次是abcdefgh。回答正确得2分。

3．连接形成世界上一些国家的首都：

Nomad ride——Madrid

Melon done——London

Prom echo——Rome

Chop arising——Paris

回答正确得3分。

4．从后往前阅读这封信，适当地改变单词的边界，可以发现这样一封信：All the King's horses and all the King's man couldn't put Humpty together again.

回答正确得 4 分。

5. Ⅲ Ⅱ Ⅺ Ⅸ。回答正确得 2 分。

这里没有什么诀窍。在这个问题上出现错误的人通常是没有读对题意，例如，把差 19 分钟到整点看成是整点过了 19 分，或者将逆时针看成顺时针。还有一种可能就是将罗马数字Ⅱ和Ⅲ，Ⅺ和Ⅸ混淆。

6.

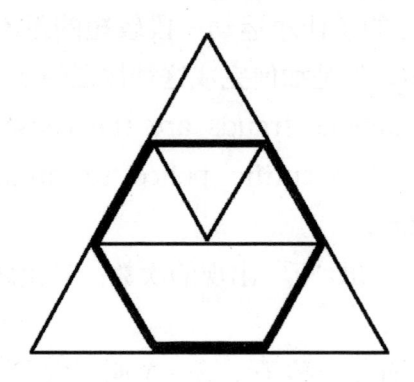

回答正确得 3 分。

7. 不可能。如果他有一位寡妇，那他已经死亡，不可能再与任何人结婚。回答正确得 3 分。

8. 因为你就是公共汽车司机，因此司机的身高就是你自己的身高。回答正确得 3 分。

9. 第三堆是锯木头时留下的木屑。回答正确得 4 分。

10. 他用手将乒乓球直接向上扔。回答正确得 2 分。

11. 9 次。回答正确得 2 分。

12. 弗兰克。回答正确得 3 分。

30~35 分：感知能力极强。

25~29 分：感知能力比较强。

20~24 分：感知能力高于平均水平。

13~19 分：感知能力一般。

低于 12 分：感知能力低于平均水平。

## 如何准确地感知自己和他人

为了准确地感知别人，我们应当站在他们的角度上考虑问题，了解他们的性格、愿望和观点。

同样道理，为了全面地理解我们自己，我们必须明确认识自己是什么样的人，而不是希望自己是什么样的人。

产生不正确感知的一个常见原因就是对他人抱有先入为主的态度。由于我们有时会掉入这种陷阱，我们在判断其他人时容易产生偏见，甚至在我们认识他们之前。

感知最重要的方面之一就是能够从多个角度看问题。

## 你的观察力如何

观察力是在感知活动中表现出来的一种稳固的认识能力，是人们有效地探索世界、认识事物的一种极为重要的心理素质，也是人们顺利地掌握知识，完成某种活动的基本能力。人们对于客观世界的认识都是从观察开始的。

生活中，你是一个善于观察的人吗？你有一双能看透世间万象的慧眼吗？你想了解自己的观察力如何吗？请做下面的测试题，共有8道题，请作答。

### 测试开始

1. 镜子里的时间。

请你手拿闹钟，对着镜子照。你会发现手里的闹钟和镜子里的闹钟的时间不相同。

| 如： | 闹钟的时间 | 镜子里闹钟的时间 |
|---|---|---|
| | 9:00 | 3:00 |
| | 4:30 | 7:30 |
| | 5:15 | 6:45 |
| | 8:20 | 3:40 |

闹钟的时间是3:25,你能不看镜子,马上说出镜子里闹钟的时间吗?

2.剪一剪,再回答。

请你找一根绳子,按以下要求对折后,再从中间剪开,数一数这根绳子分成了几段。

对折1次,从中间剪开,这根绳子分成了几段?

对折2次,从中间剪开,这根绳子分成了几段?

对折3次,从中间剪开,这根绳子分成了几段?

你发现了什么规律?应用这个规律,回答对折4次、5次、6次、7次……从中间剪开,分成了几段?

3.硬币正方形。

把20个5分钱的硬币,摆在正方形的4条边上,使每边都有4角5分钱,怎么摆呢?

4.你能办到吗?

用9根火柴摆了7个长方形(如图所示),请移动一根火柴,把它变成6个正方形,你能办到吗?

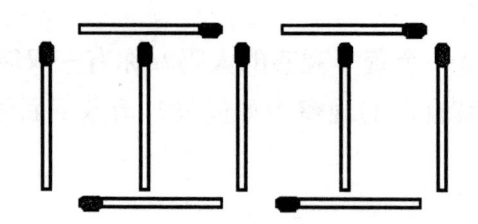

5.6个正方形。

下图是15根火柴摆成的4个正方形。请你移动2根火柴,把正方形变成6个。

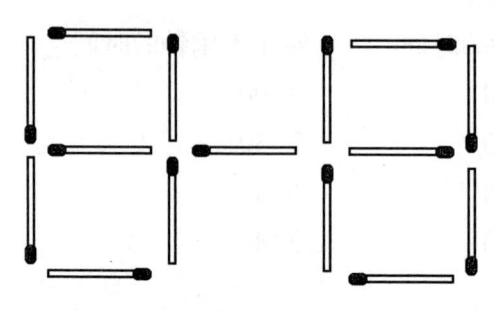

## 6. 画图案。

图中应有9个图案，请你根据画出的6个图案的变化规律画出其他3个。

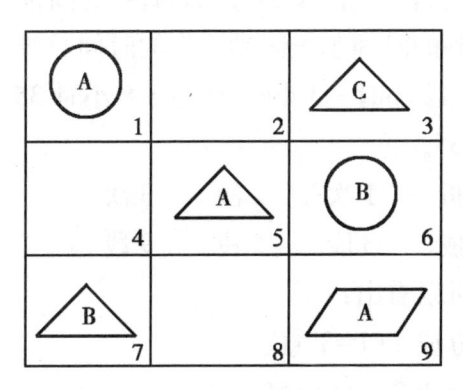

## 7. 切割表盘。

请把下面这个表盘图形切成6块，使每块上的数加起来都相等。

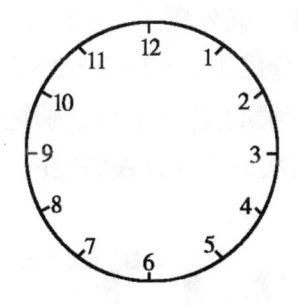

## 8. 有多少个A（a）。

查一查，下图中有多少个不同的字母A（a）？

## 测试结果

你答对的题目越多，则说明你的观察力越强。

1. 答案：因为镜子里的闹钟与我们看到的闹钟旋转方向正好相反，所以从镜子里看到的时间加上闹钟看到的时间总等于12。如闹钟时间是3：25，只要用12小时－3小时25分＝8小时35分，就知道镜子里闹钟的时间是8：35。

2. 答案：对折　　1次　　2次　　3次

　　　　　分成　　3段　　5段　　9段

从上述结果可以看出：

对折1次，分成2+1=3（段）。

对折2次，分成2×2+1=5(段)。

对折3次，分成2×2×2+1=9(段)。

从中可以看出，折几次就是几个2连乘加1。应用这个规律，如果对折4次，从中间剪开，就分成了2×2×2×2+1=17(段)；如果对折7次，从中间剪开，就分成了2×2×2×2×2×2×2+1=129(段)。

3. 答案：其中一种摆法是4个角分别把4个5分钱的硬币摆在一起，再在4条边上分别摆一个5分钱的硬币。

4. 答案：

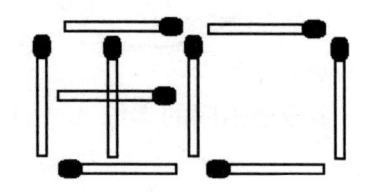

5. 答案：

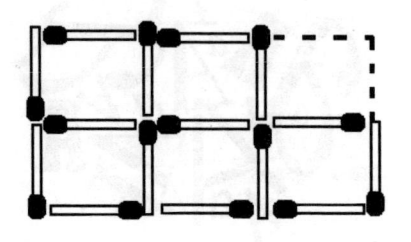

6. 答案：

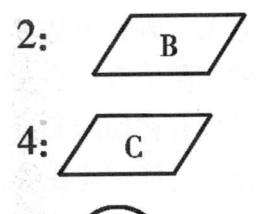

2: B
4: C
8: C

7. 答案：

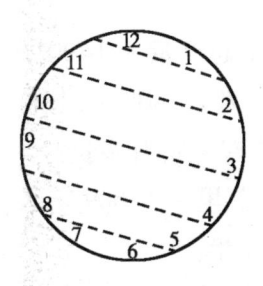

8. 答案：15个。

## 提高观察力的三个途径

观察力是人类智力结构的重要基础，是思维的起点，是大脑的眼睛。所以有人说："思维是核心，观察是入门。"为了有效地进行观察，更好地锻炼观察力，掌握良好的观察方法是必要的。

第一，确立观察目的。对一个事物进行观察时，要明确观察什么，怎样观察，达到什么目的，做到有的放矢，这样才能把注意力集中到事物的主要方面，以抓住其本质特征。

第二，制订观察计划。在观察前，对观察的内容做出安排，制订周密的计划。

第三，培养浓厚的观察兴趣。为了锻炼观察能力，必须培养广泛的兴趣，这样才能促使人们津津有味地进行多样观察。

## ☀ 你的判断能力如何

生活中要用到判断力的地方实在是太多了，辨别真假、良莠、好坏，无一不与人的判断力有关。判断力是对事物属性及其事物之间关系做出反应的能力。良好的判断力跟一个人所具有的丰富经验以及对概念及概念间关系的正确把握有密切的关系。如果你想知道自己的判断能力如何，如果你想知道自己能不能在纷繁芜杂的事物当中分清真善美与假丑恶，不妨做做下面这个测试。

注：答错题和漏答题将要扣分，所以尽量不要猜题。

## 测试开始

1. 最近某年德国的钢笔总产量为1400万支，这些钢笔的长度是3～6英寸（1英寸＝2.54厘米），80%以上的钢笔的长度是5英寸，如果把所有这些钢笔头尾相连起来将有多长？

　　A．大约1000英里（1英里＝1.609千米）。

　　B．大约横穿过太平洋一半。

　　C．在1000～1104英里之间。

　　D．在1000～1500英里之间。

　　E．答不出。

2. 找出下列短文中的逻辑错误。

一年有365天，李先生每天睡8个小时，即一年中的睡眠得占用约122天，剩下的只有243天了。李先生每天上下班路上得花1个小时，另外还有7个小时阅读、娱乐等，这样一年中又得占去122天，剩下121天。除去52个星期日，只剩下69天，但是每天吃饭得用1小时零20分钟，那么一年就得用去20天，这样只剩下49天。此外，李先生每个星期六都得休息半天，这样就得占去26天，这将只剩下9天。但是李先生的公司一年中有9个法定假日。所以，李先生的工作时间就没有了。

　　A．短文中提到李先生上班下班，这样他当然在工作，因此短文的说法自相矛盾。

　　B．短文中将某些时间重复计算。例如，短文将全年的睡眠时间除去了（共122天），但是52个星期日也被除去了，而这些星期日中已被除去的睡眠时间没有留下。

C．上述短文是不正确的，因为有工作在身的人不会每天花 7 个小时阅读和娱乐，如果李先生用于阅读和娱乐上的时间不那么多，也不把那么多时间用在上下班往返途中，他将会有时间工作的。

D．答不出。

3．假定美国今年商品生产和服务性行业创造的价值共为 5000 亿美元，假定原子弹或类似的东西不用来毁灭人类，那么 1000 年后美国的商品和服务性行业创造的年价值将为多少？

A．16000 多亿美元。　　B．15000 多亿美元。

C．不足 15000 亿美元。D．大约 19000 亿美元。

E．答不出。

4．某人将一组很长的数字加了 5 次，得出以下的和：32501、32503、32501、31405、32503。哪个所得之数可能是正确的？

A．将上述 5 个得数除以 5 的数。　　B．32501。

C．32503。　　　　　　　　　　　D．32501 或 32503。

E．答不出。

5．根据原子能研究发展的情况，估计还要过多少年科学家才能将金的原子核撞开？

A．10 年。　　　　　　　B．20 年。

C．大约 20 年。　　　　　D．20 多年。

E．大约 50 年。　　　　　F．100 年。

G．永远办不到此事。　　　H．答不出。

6．某一天在赛马场上，3 位有名的赌马好手各自用了与别人不同的方法下赌注。如果这些赌马的人想赌完这天的 7 轮比赛，哪一种方法需要的赌注最少？

A．著名的赌棍王百万在第一轮赛马中下赌注 100 元，第二轮赛马中下赌注 110 元，第三轮下了 120 元。他打算每一次下赌注都比前一次要增加 10 元，直到他赌的马赢了为止。

B．金彪比较小心谨慎。以下是他下的赌注：第一次下 10 元，第二次下 15 元，第三次下 30 元……他的方法是每次下的赌注都是前几次输掉的钱之累积，并且还要增加 5 元。

C．钱勇军过去是个职业赛马骑手，他是这样下赌注的：第一次 10 元，第二次下 20 元，第三次下 40 元……他打算以后每次都将所下的赌注增加一倍，直到他赌的马赢了为止。

D．答不出。

## 测试结果

1.D　　2.B　　3.E　　4.D　　5.H　　6.A

每答对一题得 2 分，每答错或答漏一题扣 2 分。

0～2 分，你的判断力不佳。

2～4 分，你的判断力中等。

6～8 分，你的判断力良好。

10～21 分，你的判断力优秀。

## 提高判断能力的 4 种方法

判断能力在经过一段时间的训练之后是可以提高的，你可以试着用以下方法。

（1）增加知识，细心地观察生活。

（2）看问题和事物时，应该从更高的角度出发，这样就能看得清楚，看得远。

（3）不被不相关的信息分散注意力。

（4）不让自己的结论受到情绪的影响。

# 第三章
## 检测逆商——强者的试金石

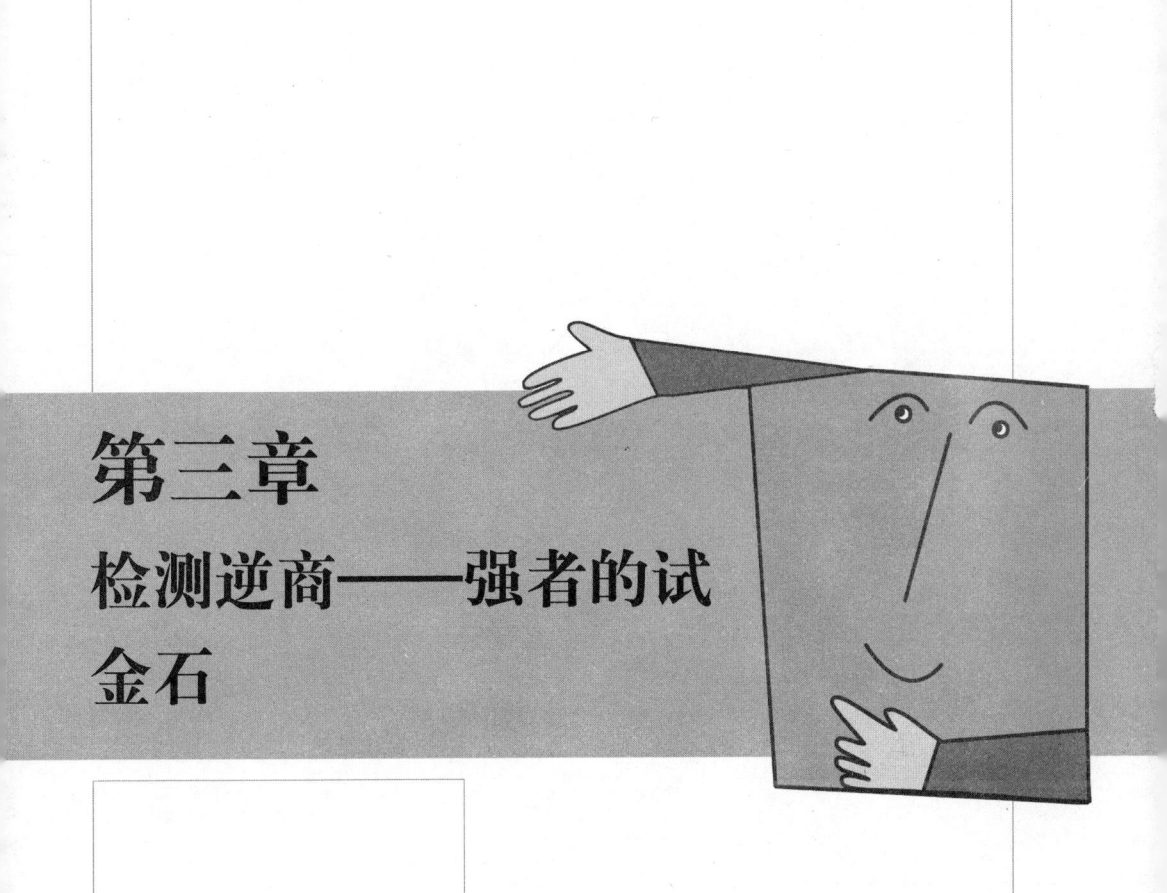

# 第一节
# 了解自己的逆商指数

## ❋ 逆商：让你从挫折中了解自己

美国著名学者、白宫知名商业顾问保罗·史托兹说："为什么在智力、资本和机遇相同的条件下，有的人能步步高升，而有的人却一败涂地呢？归根到底在于他们迎接挑战、克服困难的能力，即逆商的不同。"在综合来自当今世界数十位著名科学家的最终研究成果的基础上，保罗·史托兹提出了"逆境商数"。

逆商在瞬息万变、险象重生的逆境时代显得格外重要，没有永恒的失败，只有暂时的不成功。应付逆境的能力更能体现一个人的生命价值，使你以不变的心境应万变的逆境，从而立于不败之地。因此，逆商概念的提出具有非常重要的现实意义和历史意义。

所谓逆商就是人们面对逆境、在逆境中的成长能力的商数，用来测量每个人面对逆境时的应变和适应能力的大小。它使人们对他人和自我能力的测定有了一个新的标准和衡量的尺度，使人们对成功要素的研究取得了一个新的认识，因而具有非凡的意义。

（1）逆商告诉我们如何在逆境中生存，如何战胜它而取得成功。

（2）逆商可以预测在逆境中我们所持有的态度。

（3）逆商预测我们在逆境中能否充分发挥自己的潜力。

在这里，逆商是一个量度，度量我们面对逆境时的反应程度，通过逆商测试，使每个人生命中从未被检测过的潜意识形态第一次显示出来。

人们常说"人生不如意事十之八九"，人的一生不可能不遭遇挫折、打击、失落、失败，因此我们必须具备良好的AQ（逆境情商），否则在狂风暴雨之后等待我们的只能是消沉。人生就是这样，不是你打倒挫折，就是挫折打倒你。

在面对失败、不顺心之事时，有的人会忧心于那"十之八九"，而乐观积极的人则会选择"常想一二"。你的人生是阳光多，还是风雨多，完全在于你自己的选择。

可口可乐的前总裁古滋·维塔就是一个高逆商的人，他的一生经历了无数的坎坷，但都一次又一次地被他超越了。这位著名的古巴人40年前随全家人匆匆逃离古巴，来到美国，身上只带了40美元和100张可口可乐的股票。同样是这个古巴人，40年后竟然能够领导可口可乐公司，让这家公司在他退休时股票增长了7倍！整个可口可乐价值增长了30倍！他在总结自己的成功历程时讲了这样一句话："一个人即使走到了绝境，只要你有坚定的信念，抱着必胜的决心，你仍然还有成功的可能。"

在具备高情商之人的眼里，挫折不只是暂时的逆境，更是一次机会，因为挫折告诉你与成功的距离，锻炼你从容不迫的钢铁意志。找到自己的欠缺，补上这个缺口，你就增长了一些经验、能力和智慧，也就离成功越来越近。世界上真正的失败只有一种，那就是轻易放弃，缺乏进取。

爱迪生曾长期埋头于一项发明。一位年轻记者问他："爱迪生先生，你目前的发明曾失败过1万次，你对此有何感想？"爱迪生回答说："年轻人，因为你人生的旅程才起步，所以我告诉你一个对你未来很有帮助的启示。我并不是失败过1万次，只是发现了1万种行不通的方法。"

何谓智者？爱迪生的回答正是能给我们许多启迪的智语。

谁都不喜欢挫折，因为挫折让我们自信心受创，更糟糕的是会让我们对前途不抱什么希望。不过，一生平顺、没遭遇过挫折的人，恐怕是少之又少，甚至应该是没有的。

几乎所有人都存在谈挫折色变的心理。然而，若从不同的角度来看，挫折其实是一种必要的过程，而且也是一种必要的投资。数学家习惯称挫折为"概率"，科学家则称之为"实验"，如果没有前面一次又一次的"挫折"，哪里有后面所谓的"成功"？

其实，挫折并不可耻，没有挫折才是反常，重要的是面对挫折的态度，是能反败为胜，还是就此一蹶不振？杰出的人，绝不会因为挫折而丧志，而是会回过头来分析、检讨、改正，并从中发掘契机。

人生之路不会一帆风顺，任何人都逃脱不了这个"定律"，是崛起还是沉沦，命运之舵掌握在我们自己手中。人生短暂几十年，是要快乐生活，还是将自己埋没在痛苦失意之中，聪明的人怎么能让自己的一生在糊涂中走完？

## ❈ 了解自己的逆商指数

在生活条件日益提高的今天，物质生活日益丰富，随之而来的是精神生活的相对匮乏，人们的逆商在养尊处优中也变得格外低。我们经常会在报纸上看到有人为情而自杀，或为一次争吵而贸然动武，等等。究其原因，无疑是逆商不高的原因。逆商是一项重要的个人素质，是一种与坚韧有关的人格品质，真正的强者会不断地增强自己的逆商指数，冲破一切困难，达到最终的辉煌。

你的逆商指数如何呢？你是不是生活的强者？你应对挫折的能力怎样？下面有关应挫能力的测试题或许能帮助你了解自己的逆商。该测试共有14个小题，请根据自己的情况回答。

认识自我的5种方法

## 测试开始

1. 面临问题时，你会：

A．知难而进。

B．找人帮助。

C．放弃目标。

2. 你对自己才华和能力的自信程度如何？

A．十分自信。

B．比较自信。

C．不大自信。

3. 每次遇到挫折，你都能：

A．大部分能自己解决。

B．有一部分能解决。

C．大部分解决不了。

4. 在过去的一年中，你遭受几次挫折：

A．0～2次。

B．3～5次。

C．5次以上。

5. 碰到难题时，你：

A．失去自信。

B．为解决问题而动脑筋。

C．介于A，B之间。

6. 产生自卑感时，你：

A．不想再干工作。

B．立即振奋精神去干工作。

C．介于A，B之间。

7. 困难落到自己头上时，你：

A．厌恶至极。

B．认为是个锻炼。

C．介于 A，B 之间。

8．碰到讨厌的对手时，你：

A．无法应付。

B．应付自如。

C．介于 A，B 之间。

9．工作中感到疲劳时：

A．总是想着疲劳，脑子不好使了。

B．休息一段时间，就忘了疲劳。

C．介于 A，B 之间。

10．有非常令人担心的事时，你：

A．无法工作。

B．工作照样不误。

C．介于 A，B 之间。

11．工作进展不快时，你：

A．焦躁万分。

B．冷静地想办法。

C．介于 A，B 之间。

12．面临失败，你：

A．破罐破摔。

B．把失败转化为成功。

C．介于 A，B 之间。

13．工作条件恶劣时，你：

A．无法干好工作。

B．能克服困难干好工作。

C．介于 A，B 之间。

14．上级给了你很难完成的任务时，你会：

A．顶回去了事。

B．千方百计干好。

C. 介于 A，B 之间。

## 测试结果

1~4 题，选择 A，B，C 分别得 2、1、0 分；5~14 题，选择 A，B，C 分别得 0，2，1 分。

19 分以上：说明你的抗挫折能力很强。

9~18 分：说明你虽有一定的抗挫折能力，但对某些挫折的抵抗力薄弱。

8 分以下：说明你的抗挫折能力很弱。

## 提高逆商的几种方法

有的人因为逆商不高，在突如其来的爱情挫折、求职不顺、人生障碍面前，缺乏应变能力，束手无策。有的选择消极逃避，甚至用自杀来求得解脱。

现在生活条件不断改善，社会竞争日益加剧，在心理问题日趋增多的社会背景下，重视和提高逆商，对于推动身心健康，提高生存质量，具有特别重要的意义。

那么，应该如何提高逆商呢？

首先，要正确认识人生的挫折和逆境。

司马迁说过：文王拘而演周易；仲尼厄而作春秋；屈原放逐，乃赋离骚；左丘失明，厥有国语；孙子膑足，兵法修列……遍阅古今中外科学家、政治家、文学家、军事家的传记，不难看出这样一个规律：一帆风顺而又成就卓著的人凤毛麟角；出类拔萃者，多是经历坎坷艰辛的人。不错，逆境是人生发展的障碍，但是你超越和克服了它，则会磨炼意志，使人变得更加坚强。

其次，要树立战胜逆境的信心和决心。

办法总比困难多，要有勇气，要有挑战精神，敢于面对和克服各种障碍，实现人生的自我超越。你越过了一个障碍物，人生就前进了一步，离成功就近了一步，战胜困难的决心也随之增大。

再者，要培养平和与快乐的心态。

一次，世界著名的小提琴家欧利·布尔在巴黎举行音乐会时，小提琴上的 A 弦突然断了，可是欧利·布尔依然用另外的那 3 根弦演奏完了那支曲子。"这就是生活，"哈瑞·艾默生·福斯笛克说，"如果你的 A 弦断了，就在其他 3 根弦上把曲子演奏完。"在逆境中，更需要培养平和与快乐的心态，这样才能让你在逆境中保持不败。

# 第二节
# 探测你神奇的意志力

## ☀ 你的意志力如何

意志是人最重要的心理素质，是成功者最不可缺少的"精神钙质"。人与人之间，成功者与失败者之间，弱者与强者之间，最大的差异，往往并不是能力、素质、教育等方面的差异，而是在于意志的差异。只是因为意志比较薄弱，才会有那么多弱者、失败者，而那些意志坚强的人才是少数的成功者。

天才、运气、机会、智慧和态度是成功的关键因素。但是，仅具备一些或者所有这些因素，而没有坚强的意志，并不能保证成功。那些取得辉煌成就的人都有一个共同特征，即目标明确、不屈不挠、坚持到底、不达目的绝不罢休。

坚强的意志是一个人成功的必要的心理素质。只有坚持不懈，持之以恒，才能圆满地实现自己的人生目标，下面的测试将帮助你了解你的意志力有多强，能不能处理好生活、工作、学习中的诸多难题。

## 第三章　检测逆商——强者的试金石

该测试共有20个小题，每小题有5个选项：A．完全符合；B．比较符合；C．无法确定；D．不太符合；E．很不符合。请选择最适合你的一项。

## 测试开始

1．我很喜爱长跑、爬山等体育运动，但并不是因为我的天生条件适合这些项目，而是因为这些运动能够增强我的体质和毅力。

2．我给自己订的计划，常常因为我自己的原因不能如期完成。

3．我信奉"凡事不干则已，干就要干好"的格言，并尽量照做。

4．我认为凡事不必太认真，做得成就做，做不成就算了。

5．我对待一件事情的态度，主要取决于这件事情的重要性，即该不该做，而不在于对这件事情的兴趣，即想不想做。

6．有时我临睡前发誓第二天要开始干一件重要的事情，但到第二天这种干劲又没有了。

7．在工作和娱乐发生冲突的时候，即使这种娱乐很有吸引力，我也会马上决定去工作。

8．我常因读一本妙趣横生的小说或看一个精彩的电视节目而忘记时间。

9．我下决心坚持的事情（如学外语），不论遇到什么困难（如工作忙），都能够持之以恒，坚持不懈。

10．如果我在学习和工作中遇到了什么困难，首先想到的是先问一问别人有什么办法没有。

11．我能长时间做一件无比枯燥的工作。

12．我的爱好一会儿一变，做事情常常是"这山望着那山高"。

13．我只要决定做一件事，一定说干就干，绝不拖延到第二天或以后。

14．我办事喜欢挑容易的先做，困难的能拖就拖，实在不能拖时，就三下五除二干完拉倒，所以别人不太放心让我干难度大的事。

15．遇事我喜欢自己拿主意，当然也可以听一听别人的建议作为参考。

16．生活中遇到复杂的情况时，我常常举棋不定，拿不定主意。

17．我不怕做我从来没有做过的事情，也不怕一个人独立负责重要的工作，我认为这是一个锻炼自己的好机会。

18．我生性就胆小怕事，没有百分之百把握的事情，我从来不敢做。

19．我希望做一个坚强的、有毅力的人，而且我深信"功夫不负有心人"。

20．我更相信机会，很多事实证明，机会的作用大大超过个人的艰苦努力。

## 测试结果

在上述20道试题中，凡题号为单数的试题（1，3，5，7，9……），A，B，C，D，E依次为5，4，3，2，1分。凡题号为双数的试题（2，4，6，8，10……），A，B，C，D，E依次为1，2，3，4，5分。

91分以上，意味着你意志力十分坚强。

81～90分，意味着你意志力较坚强。

61～80分，意味着你意志力只是一般。

51～60分，意味着你意志力比较薄弱。

50分以下，意味着你意志力十分薄弱。

## 提高意志力的5大方法

对于每一个要克服的障碍，都离不开意志力；面对着所执行的每一个艰难的决定，我们所依靠的是内心的力量。事实上，意志力并非是生来就有或者不可能改变的特征，它是一种能够培养和发展的技能。

下面几条有助于提高你的意志力，不妨一试。

1．积极主动。不要把意志力与自我否定相混淆，当它应用于积极向上的目标时，将会变成一种巨大的力量。

主动的意志力能让你克服惰性，把注意力集中于未来。在遇到阻力时，想象自己在克服它之后的快乐，积极投身于实现自己目标的具体实践中，你就能坚持到底。

2．改变自我。然而光知道收获是不够的，最根本的动力产生于改变自己的形象和把握自己的生活的愿望。道理有时可以使人信服，但只有在感情因素被激发起来时，自己才能真正加以响应。

3．注重精神。大量的事实证明，假设自己好像有顽强意志一样地去行动，有助于使自己成为一个具有顽强意志力的人。

4．磨炼意志。早在1915年，心理学家博伊德·巴雷特曾经提出一套锻炼意志的方法。其中包括从椅子上起身和坐下30次，把一盒火柴全部倒出来然后一根一根地装回盒子里。他认为，这些练习可以增强意志力，以便日后去面对更大的挑战。巴雷特的具体建议似乎有些过时，但他的思路却给人以启发。例如，你可以事先安排好星期天上午要干的事情，并下决心不办好就不吃午饭。

5．坚持到底。俗话说有志者事竟成，其中含有与困难做斗争并且将其克服的意思。普罗斯在对戒烟后又重新吸烟的人进行研究后发现，许多人原先并没有认真考虑如何去对付香烟的诱惑。所以尽管鼓起勇气去戒烟，但是不能坚持到底。当别人递上一支烟时，便又接过去吸了起来。

## ☀ 你的果断性如何

人们善于明辨是非，适时采取决定并执行决定，称为意志的果断性。具有果断性品质的人能够对面临的情境迅速而准确地把握，全面而深刻地考虑，并当机立断地做出决策、投入行动；在情况发生意料之中的或意料之外的变化时，又能够果敢地停止或改变决定以适应变化。由此可见，意志品质的果断性是以独立性为前提的，并具有较大的灵活性。人云亦云的人或者刚愎自用的人是无果断性可言的。

你是一个意志果断的人吗？下面的测试题将帮助你了解自己的果断性。请根据自己的实际情况，在每道题后的括号内填"是"或"否"。

**测试开始**

1．你能在旧的工作岗位上轻而易举地适应与过去的习惯迥然不同的新规定、新方法吗？（是或否）

2．你进入一个新的单位，能够很快适应这一新的集体吗？（是或否）

3．你要为家里购买一架风扇，发现风扇造型、档次、功效的种类极丰富，远不是当初想象的那么简单。你是否会走遍全市所有商店才决定要买哪种？（是或否）

4．若熟人为你在其他单位提供一个薪水更加优厚的职位，你会毫不犹豫答应前往吗？（是或否）

5．如果做错了事，你是否打算一口否认自己的过失，并寻找适当的借口为自己开脱？（是或否）

6．平常你能否直率地说明自己拒绝某事的真实动机，而不虚构一些理由来掩饰？（是或否）

7．在讨论会上，经过一番切实的辩论和考虑，你能否改变自己以前的见解？（是或否）

8．你履行公务或受人之托阅读一部他人作品，作品主题正确，可你对写作风格很不欣赏。那么，你是否会修改这部作品，并坚持按自己的想法对它来个大幅度修改？（是或否）

9．你在商店橱窗里看到一件十分中意的东西，但它并非必需品，你会买下来吗？（是或否）

10．如果一位很有权威的人士对你提出劝告，你会改变自己的决定吗？（是或否）

11．你总是预先设计好度假的节目，而不是"即兴发挥"吗？（是或否）

12．对自己许下的诺言，你是否一贯恪守？（是或否）

13．假若你了解到对于某件事上司与你的观点截然相反，你还能直抒己见吗？（是或否）

14．今天是校友会踏青的日子，你打扮得潇洒利落。但天气似乎要变，带雨具又难免累赘拖沓，你能很轻松地马上做出决定吗？（是或否）

15．你花费了很多时间、精力搞出一个设计方案，按说也不错，可总觉得非最佳方案。你是否请求暂缓时限，再仔细斟酌一下呢？（是或否）

## 测试结果

| 题号 | 是 | 否 | 题号 | 是 | 否 |
| --- | --- | --- | --- | --- | --- |
| 1 | 3 | 0 | 9 | 0 | 2 |
| 2 | 4 | 0 | 10 | 0 | 3 |
| 3 | 0 | 3 | 11 | 1 | 0 |
| 4 | 2 | 0 | 12 | 3 | 0 |
| 5 | 0 | 4 | 13 | 3 | 0 |
| 6 | 2 | 0 | 14 | 2 | 0 |
| 7 | 3 | 0 | 15 | 0 | 3 |
| 8 | 2 | 0 |  |  |  |

0~12分：你有些优柔寡断。

13~24分：你行事小心审慎，缺乏果断性。

25~36分：你的果断性处于中等水平。

37分以上：你行事相当果断。

## 如何培养果断的意志品质

果断性这种良好的意志品质，并非与生俱来，更非一日之功，它是聪明、学识、勇敢、机智的有机结合，与个体思维的敏捷性、灵活性密不可分。谁都知道机会在人生中的意义，在生命中许多重要的转折点上，如果我们采取果断的决策和行动，我们还会缺少机会吗？

对于每个人来说，要磨炼出意志的果断性，可以从以下几个方面入手。

### 1. 不怕做错决定

一个人要想好好运用决定的力量必须排除一个障碍，那就是要克服"做错决定"的恐惧。

在一些必须做出决定的紧急时刻，果断的人会集中全部心智来做一个决定，尽管他当时意识到这个决定也许不太成熟。在那样的情况下，他必须把自己所有的理解力和想象力激发出来，立即投入到紧张的思考中，并使自己坚信这是在当时的情况下所能做出的最有利决定，然后马上付诸行动。对于成功者来说，有许多重要决定都是这样的——在未经充分考虑的情况下迅速做出。

### 2. 保持决定弹性

做好决定之后，也别死抱着一定的做法，那可能会害死你。经常有些人做好了决定，便死抱着自己认为是最好的做法，而听不进去其他的建议。在此切记，脑袋不要弄得太僵化，要学习怎样保持弹性，听听其他善意的建议。

### 3. 实施决定行动

世界顶尖潜能大师安东尼·罗宾认为，是我们的决定而不是我们的遭遇，主宰着我们的人生。唯有真正的决定才能发挥改变人生的力量，这个力量任何时间都可支取，只要我们决定一定要去用它。

如果我们想脱离围墙的羁绊，我们就可以攀越过去，可以凿洞穿过去，可以挖地道过去或者找扇门走过去。不管一道墙立得多久，终究抵挡不住人们的决心和毅力，迟早是会倒的。人类的精神是难以压制的，只要有心想赢、有心想成功、有心去塑造人生、有心去掌握人生，就没有解决不了的问题、没有克服不了的难关、没有超越不了的障碍。当我们决定人生要自己来掌握，那么日后的发展就不再受困于我们的遭遇，而正视我们的决定时，我们的人生将因此改变，而我们也就有能力去掌握事物发展的规律，获得人生事业的成功，满足物质和精神需求。

## ❈ 你的坚定性如何

坚定性也叫顽强性。它表现为长时间坚信自己决定的合理性，并坚持不懈地为执行决定而努力。具有坚定性的人，能在困难面前不退缩，在压力面前不屈服，在引诱面前不动摇。所谓"富贵不能淫，贫贱不能移，威武不能屈"就是意志坚定的表现。这种人具有明确的行动方向，并且能坚定不移地朝着这个方向前进。

你是一个意志坚定的人吗？你的坚定性如何？下面的测试题将有助于你了解自己这方面的能力。请根据自己的实际情况作答。

## 测试开始

1. 你能坚持排队大半天在影剧院门前等候一场向往已久的电影吗？

　　A. 是。　　　　B. 不确定。　　　C. 否。

2. 你有足够的耐心，训练自己成为一名高尔夫或网球手吗？

　　A. 是。　　B. 不确定。　　C. 否。

3. 假如旅馆餐厅前有一长队，你就会去别处就餐吗？

　　A. 是。　　B. 不确定。　　C. 否。

4. 假如你想打电话却数次未通，你会放弃吗？

　　A. 是。　　B. 不确定。　　C. 否。

5. 即使对自己喜欢的事情也难以坚持数年如一日不中断。

　　A. 是。　　B. 不确定。　　C. 否。

6. 辩论中，你是否一定要说最后一句话？

　　A. 是。　　B. 不确定。　　C. 否。

7. 你能独自一人几小时玩填字游戏吗？

　　A. 是。　　B. 不确定。　　C. 否。

8. 你是否被别人说成是顽固不化？

　　A. 是。　　B. 不确定。　　C. 否。

9. 你想买一件东西，跑了数家店都未买到，仅剩很远一家未去过的店，你还会去吗？

　　A. 是。　　B. 不确定。　　C. 否。

10. 你遇到困难而烦琐的事情时会不耐烦吗？

　　A. 是。　　B. 不确定。　　C. 否。

11. 人们认为你的观点常常是很容易改变的吗？

　　A. 是。　　B. 不确定。　　C. 否。

12. 你已花费很多心血的事情却在临近结束时前功尽弃，你还会从头开始吗？

A．是。　　B．不确定。　　C．否。

13．假如你想邀请别人一起出门而遭谢绝，你是否会一再坚持？

A．是。　　B．不确定。　　C．否。

14．假如某项考试你连续考了两次都没有通过，你是否会放弃不再考下去？

A．是。　　B．不确定。　　C．否。

15．你是否有耐心花一整天时间，修理一件物品？

A．是。　　B．不确定。　　C．否。

## 测试结果

| 选项\得分\题号 | 1 | 2 | 3 | 4 | 5 | 6 | 7 | 8 | 9 | 10 | 11 | 12 | 13 | 14 | 15 |
| --- | --- | --- | --- | --- | --- | --- | --- | --- | --- | --- | --- | --- | --- | --- | --- |
| A | 5 | 5 | 1 | 1 | 1 | 5 | 5 | 5 | 1 | 1 | 5 | 5 | 1 | 5 |
| B | 3 | 3 | 3 | 3 | 3 | 3 | 3 | 3 | 3 | 3 | 3 | 3 | 3 | 3 | 3 |
| C | 1 | 1 | 5 | 5 | 5 | 1 | 1 | 1 | 5 | 5 | 1 | 1 | 5 | 1 |

30分以下：你不够坚韧执着。

31～60分：你常在坚持与妥协之间寻求平衡。

61分以上：你坚韧执着，有很好的耐心，一旦下定决心，便很难动摇。

## 如何培养坚定的意志

对于每一个要克服的障碍都离不开坚定的意志；面对着所执行的每一个艰难的决定，我们所依靠的是内心的力量。事实上，坚定的意志并非是生来就有或者不可能改变的特征，它是一种能够培养和发展的技能。

下面几条有助于增强你的坚定性，不妨一试。

### 1．下定决心

美国罗得艾兰大学心理学教授詹姆斯·普罗斯把实现某种转变分

为4步。

抵制——不愿意转变；

考虑——权衡转变的得失；

行动——培养意志力来实现转变；

坚持——用意志力来保持转变。

**2．目标明确**

普罗斯教授曾经研究过一组打算从元旦起改变自己行为的实验对象，结果发现最成功的是那些目标最具体、明确的人。其中一名男子决心每天做到对妻子和颜悦色、平等相待。后来，他果真办到了。而另一个人只是笼统地表示要对家里的人更好一些，结果没几天又是老样子了，照样吵架。

**3．权衡利弊**

如果你因为看不到实际好处而对体育锻炼三心二意的话，光有愿望是无法使你心甘情愿地穿上跑鞋的。

普罗斯教授说，可以在一张纸上画好4个格子，以便填写短期和长期的损失和收获。假如你打算戒烟，可以在顶上两格上填上短期损失：我一开始感到很难过，短期收获：我可以省下一笔钱；底下两格填上长期收获：我的身体将变得更健康，长期损失：我将减少一种排忧解闷的方法。通过这样的仔细比较，聚集起戒烟的意志力就更容易了。

**4．实事求是**

如果规定自己在3个月内减肥5千克，或者一天必须从事3个小时的体育锻炼，那么对这样一类无法实现的目标，最坚强的意志也无济于事。而且，失败的后果最终将会使自己再试一次的愿望化为乌有。

**5．逐步培养**

坚定的意志不是一夜间突然产生的，它是在逐渐积累的过程中一步步地形成的。中间还会不可避免地遇到挫折和失败，必须逐步培养。

## 第三节
## 调适力：你善于自我调节吗

### ☀ 你善于化逆境为顺境吗

有一句名言："时间顺流而下，生活逆水行舟。"人在生命的历史长河中，不可能不遇到逆境。关键是如何做好接受逆境挑战的心理准备，用智慧和能力克服逆境带来的困难，把逆境转化为有利于自己发展的顺境。下面的一道测试题主要用来测试人应对逆境的能力，做完之后，相信你能对自己这方面的能力有所了解。

### 测试开始

假如有一天你背着降落伞从天而降，你最希望自己在什么地方降落？

A. 青葱的草原平地。

B. 柔软的湖畔湿地。

C. 风景秀丽的山顶。

D. 高耸的大厦顶楼。

## 测试结果

选择 A 的人：你期盼自己有个平凡顺遂的人生，即使遇到运气不佳的时候，你也会尽其所能地使自己维持在正常的轨道中，重新寻找一个平衡的、规则的生活步调。所以基本上，你是个墨守成规的人，适合过着规律的生活。

选择 B 的人：你的个性虽然略为保守，但在面对人生的不如意时，是能够逆来顺受的。你会在运气不顺遂的转折中，寻找改变自己的方法，偶尔也会希望打破成规，重新调整生活步伐，但是改变的幅度还是不会太大。

选择 C 的人：你是个喜欢大刀阔斧，让自己改头换面的人，你认为人生就是要不断注入新的体验，才能够进步，所以在每次遇到运气不好的时候，你都会将危机化为转机，可以说你拥有相当积极的人生观。

选择 D 的人：你追求的是功成名就。当你的人生处在逆境时，尽管你心中百般恐慌，但仍旧会凭着自我的机智与耐力，去渡过难关。千方百计地让自己更上一层楼的想法，正是你迈向成功的最佳原动力。

## 如何提高应对逆境的能力

如何才能提升自己的逆境应对能力呢？

### 1. 凡事不抱怨，只求解决

身处逆境之时，不要过多地抱怨，这样只会浪费时间。至今还没发现有哪一种伟大的创举是以抱怨解决和得来的。在逆境中，我们应尽快地找出解决问题的方案，以摆脱逆境，此为最佳选择。

### 2. 先看优点，再看缺点

身处逆境之时，应心存"阿Q"的乐观主义精神（取其积极的方面），应心存"塞翁失马，焉知非福"的思想意识，应先看这逆境之中是否有可发掘的益处存在；然后再去应对逆境中的缺点，定会取得事半功倍的效果。

### 3. 勤于思考，胸有主见

身处逆境之时，应勤于思考，拿出自己处理问题的方法，不要遇事只会询问别人如何处理。

## ✺ 你处理困难的能力如何

有个人的简历是这样的。

22 岁　生意失败

23 岁　竞选州议员失败

24 岁　生意再次失败

25 岁　当选州议员

26 岁　情人去世

27 岁　精神崩溃

29 岁　竞选州长失败

31 岁　竞选选举人团失败

34 岁　竞选国会议员失败

37 岁　当选国会议员

46 岁　竞选参议员失败

47 岁　竞选副总统失败

49 岁　竞选参议员再次失败

51 岁　当选美国总统

这个人就是亚伯拉罕·林肯。

林肯被称为美国历史上最伟大的总统之一，美国人民对他充满了敬意，但这位解放黑奴、统一美国的总统，经历了太多的风风雨雨。

每个人的一生都不可能一帆风顺，遇到困难在所难免。但是，在遭遇困难、灾害或工作上的危机时，你是否也会像林肯一样有克服它们的能力呢？下面这道有关处理困难的能力的测试题或许会帮助你找到答案。该测试共有 7 个小题，请根据自己的实际情况谨慎作答。

### 测试开始

1. 过节的时候，你拿着威士忌酒礼盒去看朋友，可是当到了他家门口时，你不小心把礼盒掉在地上，里面的酒瓶可能摔破了。这时你会怎么做？

A．拿回家确定一下。

B．就这么送给他。

C．在对方的面前打开来看。

2．当你穿着睡衣刷着牙时，门铃突然响了。而此时家中又只有你一人，你会怎么做？

A．马上去开门。

B．换了衣服再开门。

C．假装不在家。

3．晚上，你疲惫不堪地刚躺下来，就听到不知是消防车还是警车的声音，也许是附近出事了。这时，你会怎样呢？

A．虽然很累，仍会起床一探究竟。

B．不管它，照睡不误。

C．等一会再看。

4．你请了两个朋友到你家吃饭。可是饭却煮得不多。如果两个人都要添饭，那就不够了。而这时，你的饭也还未添。你会怎么做？

A．偷偷地出去买。

B．跟比较好的那个朋友使眼色，请他不要再添。

C．随他去，到时再说。

5．看到下面的单字，把你马上联想到的词从 A，B，C 中选出一个来。

(1) 火。　　A．火柴。　　B．地狱。　　C．火灾。

(2) 黑。　　A．夜晚。　　B．黑人。　　C．隧道。

(3) 白。　　A．砂糖。　　B．珍珠。　　C．结婚礼服。

6．你已经有一个星期没有给庭院里的花浇水，花有点蔫了。而此时，天看起来似乎就快下雨了。你还会为花浇水吗？

A．会。

B．不会。

C．再等一天

7．你把常吃的药放在桌上。但是，当你正要去拿来吃的时候停电了。在一片漆黑中，你还会伸手去拿药来吃吗？

A．会伸出手来找药瓶，拿了就吃

B．擦亮火柴确认了药瓶才吃

C．不吃，等电来了再说

## 测试结果

| 选项\得分\题号 | 1 | 2 | 3 | 4 | 5(1) | 5(2) | 5(3) | 6 | 7 |
|---|---|---|---|---|---|---|---|---|---|
| A | 1 | 5 | 3 | 1 | 5 | 3 | 5 | 3 | 5 |
| B | 3 | 1 | 1 | 3 | 1 | 1 | 1 | 5 | 3 |
| C | 5 | 3 | 5 | 5 | 3 | 5 | 3 | 1 | 1 |

39~45分：积极且具有强烈精神力量的类型。

29~38分：虽有处理困难的能力，却常常依赖他人的类型。

19~28分：易受周围左右，难做决断的类型。

9~18分：急急忙忙下错误判断的类型。

## 7大方法教你如何处理困难

下面向你提供一些处理困难的方法，希望可以带给你一些启发。

1．要学会在困难之前退后一步，冷静下来，沉着思考，以宁静平和的心态来看待全局。

2．运用全部心智来思考问题，一步接一步，然后系统地剖析它。

3．以积极的心态思考问题，明确你可以克服它，能这样做的话，你便已经走上了成功之路。

4．坚持你的工作，只要努力不懈，最后便能成功。

5．不断成长升高，才能俯视所有问题，而且你还可以运用这些问题来帮助自己成长。

6. 冷静接受人生所有的一切，处理问题时，控制好你的情绪，以持续不断的工作来迎接最后的胜利。

7. 永远不要形成自己反对自己的局面。

## ☀ 你转败为胜的实力如何

人生在世，谁都会经历失败的困苦，同样，也没有谁会是常胜的将军。

《傅雷家书》中说："人一辈子都在高潮——低潮中浮沉，唯有庸碌的人，生活才如死水一般平静。"我们只要高潮不过分紧张，低潮不过分颓废就足够了。每个人都有一条人生路，这条路并非洒满阳光，充满诗意，铺满鲜花，常常会有沼泽或荆棘丛生的小道。有人摔倒了，便从此一蹶不振；有人尽管屡战屡败，但屡败屡战，最终人生光彩夺目。

现实生活中的你，也难免会遇到各种各样的困难和失败，当失败来临时，你是积极应对还是萎靡不前？想要知道答案的话，请做下面的测试题。

### 测试开始

做人实在很辛苦，不时要与各种欲望对抗，下列4种欲念你最无法抵挡的是哪一样？

A. 食欲。　　B. 物欲。　　C. 睡欲。　　D. 性欲。

### 测试结果

选择A：你知道调整自己的重要性，遇到挫折时，你会暂时停下脚步，仔细研究问题的症结，再另外拟订一套计划，顺便也重整自己的疲惫与低落的身心状况，等待适当时机，再整装出发。

选择B：只要找对目标，走上正确的路，你有很大的希望能够东山再起。因为人人都可能有挫败经验，你对这种结果也能泰然处之，不被击垮，如果觉得目标物对你而言很重要，你依然会尽全力去争取。

选择C：或许你可以找到更好的理由，说服自己往其他方面发展，因为眼前的失败让你怀疑自己是否有能力做好这件事，这可能也是你生命的转机，说不定就换到了适合你的跑道。不过，可惜的是之前努力的心血就白费了。

选择 D：生命中充满挑战，对你而言，跌倒表示又有机会步上胜利的阶梯，所以你绝对不会被挫折打败，这反而更激发了你求胜雪耻的决心。耐力是你的优势，积极的个性则是制胜武器。

## 在失败中"爆发"

不在失败中"死亡"，就在失败中"爆发"，转败为胜需要极强的心理素质，如何做到转败为胜呢？送你几句话：泰然自若、不为所动；总结经验、幡然醒悟；运筹帷幄、积蓄力量；寻找突破口，并积极付诸实施，力图转败为胜，并获取最大的胜利。

成功，不仅是对时势的分析，机会的把握，条件的创造，体能的抗衡，经验的积累，金钱的累加，更是智慧的发挥，策略的运用，心理素质的较量。

# 第四节
# 提高逆商的四大方法

## ❋ 正视逆境，主动出击

在逆境面前，至少有三种人。

第一种人，遭受了逆境的打击，不知反省自己，总结经验，只凭一腔热血，勇往直前。这种人，往往事倍功半，即便成功，通常也是昙花一现。

第二种人，遭受了逆境的打击，从此一蹶不振，成了被逆境打垮的人。

第三种人，遭受了逆境的打击，能够审时度势，调整自己，在时机与实力兼备的情况下再度出击，卷土重来。成功常常莅临在他们头上。

18世纪末，拿破仑率领大军攻打奥地利。这天傍晚，拿破仑的将领德塞克斯穿过拉撒维尔平原，他冲在骑兵团的最前面。在骑兵团中，有一位年轻的击鼓手，他曾经是一个街头流浪儿。德塞克斯在巴黎街头发现了他，让他参加了这支法国王牌军。他曾经参加了对埃及和奥地利的战斗。

在一场遭遇战中，当这一纵队暂停前进时，拿破仑大叫道："击鼓撤退！"这位鼓手没有动。拿破仑再次大吼："击鼓撤退！"这位鼓手走上前来，手中拿着鼓槌，说："先生，我不知道怎样击鼓撤退。德塞克斯可从来没教我这个。我只能击鼓冲锋。当我击冲锋鼓的时候，大家会舍生忘死，步调一致，冲锋陷阵。我曾经在埃及击过这种冲锋鼓，在特伯山敲过这种冲锋鼓，在螺帝桥敲过这种冲锋鼓。先生，在这里，我可以再次敲这种冲锋鼓吗？"

拿破仑把头转向德塞克斯，他大叫道："我们在挨打，我们该怎么办？""怎么办？"德塞克斯大声说："反击。我们还有时间赢得胜利。击鼓，流浪儿！冲锋鼓！像在特伯山、螺帝桥时一样击鼓！"不一会儿工夫，在德塞克斯的带领下，在流浪儿清脆激昂的冲锋鼓的催促下，在小家伙坚定不移的意志的鼓舞下，法国军队打退了奥地利军队。他们将第一线的敌人赶到了第二线，把第二线的敌人赶到了第三线，然后在第三线把他们消灭了。尽管德塞克斯在越过第一道山谷的时候倒下了，但是，法国军队并没有后退。流浪儿的冲锋鼓在激励着他们，这鼓声越过死者和伤残者，越过敌人的加农炮和来复枪，直到法国军队取得最后的胜利。正是这种永不后退的精神，使他们克服了悲观沮丧听天由命的情绪，他们激发出生命中最强烈的欲望，勇往直前，终于变失败为胜利。

这种精神不仅适用于战场，也适用于人生。身处逆境，你退，逆境更逆，你进，逆境才会退。

一个人能否从逆境中走出来不仅取决于个体身处逆境时的心理状态，对逆境的认识、评价和理解，还取决于个体对待逆境的态度以及应付逆境的行为方法。积极的态度和合适的方法等都有利于增强个体对逆境的承受力。具体说来，我们可以从以下几个方面来应对逆境。

### 1. 正确对待挫折

首先要认识到挫折是客观存在的，关键在于人们怎样认识和对待它，如果认识到挫折是许多人必须面对的考验与挑战，就有了较充分的心理准备；能面对挫折不灰心、不后退，敢于向挫折挑战；能把挫折作为前进的阶梯、成功的起点。挫折具有两重性，它促使人为了改变境况而奋斗，能磨炼性格和意志，增强创造能力和智慧，使人对生活、对人生认识得更加深刻、更加成熟。

### 2. 善于总结经验教训

善于总结失败的教训，一方面从失败中吸取教训，以积极的态度冷静地分析遭受挫折的主、客观原因，及时找出失败的症结所在，发现自己的弱点，力争改进。另一方面，要发现自己的优点和长处，从而振作精神，鼓起战胜失败的勇气，树立信心，积极应对失败。

### 3. 调节你的抱负水平

抱负水平是指个体在从事活动前，对自己所要求达到的目标或成就的标准。它是人们进行成就活动的动力，而能否成功则决定于抱负水平的高低是否适合个体的能力或条件。抱负水平过低或过高都不利于增强个体的自信心和自尊心。在过低的抱负水平下，即使成功了，人们也不能产生成就感；抱负水平过高，在达不到预定的目标时，就容易产生挫折感。所以要使个体在活动中产生成就感又不至于受到挫折，就要提出适合个体能力水平的、具有挑战性的标准。

## ☀ 面对逆境，说出"三不"

面对逆境，不同的人有不同的态度，不同的态度会有不同的结果。有的人悲观失望、自暴自弃，最终淹没于逆境的冰河里，悲哀地荒芜了一生。有的人坚强刚毅、沉着应对，则能冲出逆境的樊篱，谱写出震撼人心的生命篇章。

当逆境来临时，你会怎么做？切记，你的态度将决定你的人生。

当身处逆境时，聪明之人会勇敢地说出"3不"。

**"一不"：不欺骗自己。**

面对逆境，我们不能老是用阿Q式的精神胜利法麻醉自己，也不能用祥林嫂式的念叨去博取别人的同情。而是应对现实的逆境进行认真的思考，既不能自欺欺人，也不能萎靡不振。逆境既已来临就不要幻想逃避，更不能不予承认，想自己把自己蒙在鼓里是行不通的。一味怨天尤人、自怨自艾也是不行的。要知道，每个人的生命只有一次，是喜是忧却只是由你自己承受，与其颓废消沉，倒不如主动出击，转变思路，磨砺意志，相信你的明天会更精彩。

**"二不"：不贬低自己。**

人在逆境中往往失去自信，自轻自贱，自己看不起自己，有人甚至固执地认为，自己一文不值，活在世上是人生的不幸。这种认识大错特错。其实，身处逆境的人，恰似一张破旧纸币，虽然外形寒碜，但价值不贬。

在一次讨论会上，一位著名的演说家没讲一句开场白，手里却高举着一张20元的钞票。面对会场里的上千名听众，他问："这是多少钱？""20元！"听众异口同声。他将钞票用手揉成一团，然后问："多少钱？"听众还是齐声高喊"20元！"

他说："那么，假如我这样做又会怎样呢？"他把钞票扔到地上，又踏上一脚，并且用脚碾它。而后他拾起钞票，钞票已变得又脏又皱。

"现在是多少钱？"

"20元！"

"朋友们，你们已经上了一堂很有意义的一课。无论我如何对待这张钞票，它还是20元，因为它并没贬值，它依旧值20元。人生路上，我们会无数次被自己的决定或碰到的逆境击倒、欺凌，甚至碾得粉身碎骨，我们觉得自己似乎一文不值，但无论发生了什么，或将要发生什么，在上帝的眼中，我们永远不会丧失价值。在他看来，无论肮脏或洁净，衣着整齐或不整齐，我们依然是无价之宝。生活的价值不依赖我们的所作所为，也不仰仗我们结交的人物，而是取决于我们本身！我们是独特的——永远不要忘记这一点！"身处逆境要永远记住，你的价值只能由你说了算！如果你不让自己的生命贬值，你就永远不会贬值！

"三不"：**不放弃自己。**

在生活中，常常会有人因为一些小小的挫折就"擅自"轻生，放弃自己，然而却更有一大批命途多舛，却依然不屈不挠地实现自我价值的人。

> 公元前99年9月，西汉骑都尉李陵征讨匈奴，在浚稽山被围，苦战力竭，被迫投降匈奴。时任太史的司马迁为李陵做出辩护，触怒了汉武帝，被关押入狱，处以宫刑。正所谓"垢莫大于宫刑"，这种使人羞耻的刑罚，使司马迁陷入极度的悲愤痛苦之中，曾经产生自杀念头，"每念斯耻，汗未尝不发背沾衣也"。但想到自己的大业尚未完成，潜心多年的《史记》还"草创未就"，他决定"隐忍苟活"地完成重任，从此他的全部精力便投入到了《史记》的撰写之中。经过10年多的艰苦工作，司马迁终于完成了《史记》。这是一部史无前例的规模浩大、组织完备、具有巨大的文史价值的伟大历史著作。全书一百三十篇，包括"本纪"十二、"表"十、"书"八、"世家"三十、"列传"七十。5种体例各有分工，又互相配合，构成纪传体通史，被鲁迅称为"史家之绝唱，无韵之离骚"。

司马迁的后半生每时每刻都生活在困厄之中，但由于他的不自弃和忍辱进取，使得他的人格、精神和《史记》一样在人类史册上化作不朽。

## ✹ 永不向逆境妥协

古人讲："不知生，焉知死？"不知苦痛，怎能体会到快乐？逆境就像一枚青青的橄榄，品尝后才知其甘甜，但这品尝需要勇气！其实，要让自己快乐非常简单，那就是少一分欲望，多一分自信。在身处逆境时，懂得苦中求乐，才是人生的真谛。

当逆境与我们不期而遇时，是不断为自己打气还是选择悲观的宿命呢？一些悲观论调的持有者，对逆境所持的态度永远是"这就是命"，"命里要我这么不顺利我也无法强求"。乍听起来以为他们是豁达、看得开，其实这是一种对自己生命极不尊重的想法，因为他们已放弃了对生活的美好追求，只是认命。

　　真正的豁达与从容者不会如此，他们会把这些逆境化作前进的力量，既不抱怨命运不济，也不妄自菲薄，他们只会用真正的行动来改变自己的人生轨迹。

　　在一次火灾中，一个小男孩被烧成重伤。虽然经过医院全力抢救脱离了生命危险，但他的下半身还是没有任何知觉。医生悄悄地告诉他的妈妈，这孩子以后只能靠轮椅度日了。

　　一天，天气十分晴朗。妈妈推着他到院子里呼吸新鲜空气，然后有事离开了。

　　一股强烈的冲动从男孩的心底涌起：我一定要站起来！他奋力推开轮椅，然后拖着无力的双腿，用双肘在草地上匍匐前进，一步一步地，他终于爬到了篱笆墙边。

　　接着，他用尽全身力气，努力地抓住篱笆墙站了起来，并且试着拉住篱笆墙向前行走。没走几步，汗水从额头滚滚而下，他停下来喘口气，咬紧牙关又拖着双腿再次出发，直到篱笆墙的尽头。

　　就这样，每天男孩都要抓紧篱笆墙练习走路。

　　可一天天过去了，他的双腿仍然没有任何知觉。他不甘心因于轮椅的生活，一次次握紧拳头告诉自己：未来的日子里，一定要靠自己的双腿来行走。

　　终于，在一个清晨，当他再次拖着无力的双腿紧拉着篱笆行走时，一阵钻心的疼痛从下身传了过来。那一刻，他惊呆了。他一遍又一遍地走着，尽情地享受着别人唯恐避之不及的钻心般的痛楚。

　　从那以后，男孩的身体恢复得很快。先是能够慢慢地站起来，扶着篱笆走上几步。渐渐地便可以独立行走了，后来，他竟然在院子里跑了起来。自此，他的生活与一般的男孩子再无两样。到他读大学的时候，他还被选进了学校田径队。

　　这是怎样顽强的精神啊！永不妥协的小男孩在带给我们感动之余，是否还让我们有了一点对于逆境的思考？

## 用冷静镇住一切

冷静，是高逆商人士必备的素质之一。

面对逆境，只有让头脑冷静下来，才有可能想出解决的办法。否则，遇事就乱，连自己的情绪都控制不了，又如何能进行理性的思考，从而跨越逆境呢？这样的人，还是先来跟松下幸之助学一下冷静之道吧！

1920年，日本经济不景气，不少工厂停产或倒闭。然而，当时规模并不是很大的松下电器反而蓬勃发展。

到了1921年秋天，松下买了1500多平方米的土地，盖厂房、建住宅、设事务所、扩大招雇员工规模。1923年，松下发明并大量产销自行车电池灯，兼营电熨斗、电热器、电风扇等电器产品，公司发展迅猛。1929年，松下并不理会到处弥漫的经济危机，在已经拥有3处工厂、300多名员工的情况下，继续扩充，在大阪买下8万平方米的土地，大规模地建设公司总部、第四个工厂、员工住宅。

直到1929年12月底，松下电器才感受到了危机的压力：销售额剧减一半，仓库里堆满滞销品。更糟糕的是，公司刚刚贷款建了新厂，资金极端缺乏，如果滞销情况持续下去，整个松下电器很快就会倒闭。

就在此时，松下幸之助偏偏病倒在床上。如何渡过这场危机？当时代行社长职务的井植岁男等高级主管，向正在休养的松下汇报他们研究的方案：为应付销售额减少一半的危机，只好减少公司一半的生产量，员工也必须裁减一半。这是一个渡过难关的最佳方案。听到这个方案，松下有了精神。

他指示："生产额立即减半，但员工一个也不许解雇。不过，员工必须全力销售库存产品。用这个方法，先渡过难关，静候时局转变。"

"可以不解雇员工，但是既然开工半天，就该减薪一半。员工不会有意见。"有的主管建议。

"半天工资的损失，是个小问题，使员工们有以工厂为家的观念才是最重要的。所以任何一个员工都不得解雇，必须照旧雇用。"松下十分肯定地说。

> 当员工们听到松下的指示时，无不欣喜，因而人人奋勇、个个尽力，销售库存产品。
>
> 松下的方法灵得让人吃惊，由于员工的倾力推销，公司产品不但没有滞销，反而造成产品不够销售的现象，并创下公司历年最高销售额的纪录。就在这场世界经济大危机中，其他工厂纷纷倒闭，而松下公司，继兴建第四厂后，又创建了第五厂、第六厂。

对于生性脆弱、情绪暴躁的人来讲，逆境无疑是一个万丈深渊；但对于充满机智、沉着冷静的人来讲，逆境或许正是一个考验机会。

跨越逆境的机会只属于拥有冷静头脑的人，一个遇事急躁的人永远无法成功地走出逆境的沼泽，当然更谈不上取得辉煌的成绩。

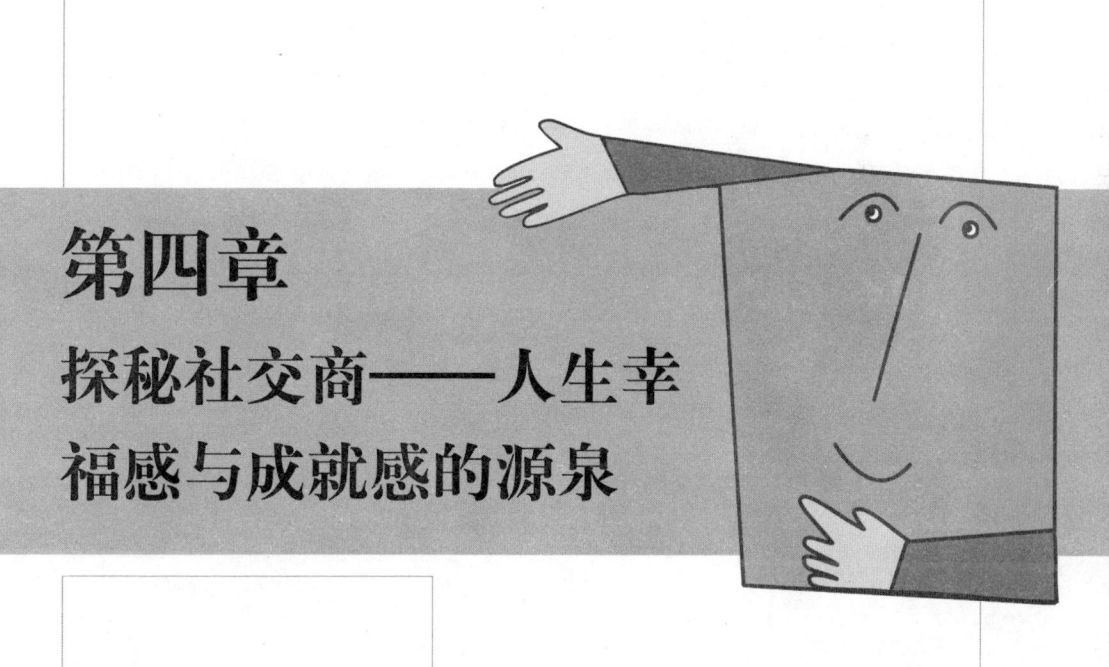

# 第四章
## 探秘社交商——人生幸福感与成就感的源泉

# 第一节
# 了解自己的社交商指数

## 了解社交商的具体内涵

1920年，在《哈泼斯》的一篇文章中，哥伦比亚大学心理学家爱德华·桑代克首次提出了"社交商"的概念。他曾经说过："幼儿园、操场、营房、工厂和商场里到处都能发现社交商的踪迹，但是它在实验室等人为场合却不存在。"桑代克发现，社交商对于许多领域的成功都是必不可少的，特别是一个成功的领导更需要具备高明的社交商。"工厂里技术最高超的工人，"他曾经写道，"如果缺乏社交商的话，也做不好工头。"

但是，桑代克的这一理论在很长一段时间里都被忽视了。20世纪50年代，著名心理学家戴维·韦克斯勒还仅仅把社交商看作是"用于社交场合的普通智力"。

半个世纪后的今天，神经学为我们描绘出了大脑中负责各种交际功能的不同区域，因此，我们重新思考社交商这一概念的时机也已经成熟。1995年提出"情商"概念的丹尼尔·戈尔曼重出江湖，在沉寂几年之后他又勇敢公布自己的最新研究成果：我们与他人之间的关系也会影响我们的智力。他将这种人际互动对心智的影响力归结为——社交商，认为这项指标会像智商和情商一样决定每个人的生活质量。他认为，所谓社交商就是管理人际关系的能力，主要是管理那些对我们产生致命影响的人际关系——指与父母、子女、配偶、同学、朋友和同事之间的关系。

我们如何对待他人，他人如何看待我们以及如何回应？人际互动对人类的影响超出了我们的想象，在这个过程中我们会分泌各类激素，调节我们体内从心脏到免疫系统的活动，以至于我们会像感染感冒一样感染他人的情绪，而与世隔绝和无情的社会压力则会导致我们的寿命缩短。

我们怎样才能使我们的孩子快乐成长？婚姻如何美满幸福？企业高管如何调动下属的斗志？办公室政治为何让我们疲于应付？为何我们总是对某些人有莫名的好感，而别人无意间的一句话却让我们方寸大乱？

为什么成功者未必是最聪明的人？为什么总有人抱怨自己在职场上怀才不遇？为什么财富并不是我们幸福的唯一源泉？你当然知道"智商"与"情商"对于人生的重要性，但你是否知道横在你和成功、幸福之间的最后一道鸿沟，就是"社交商"？如果"情商"是用来避免有人对你说"不"，那么，"社交商"就是让别人对你说"是"的能力。

生活中，一个拥有10分智慧，却只能表达出5分的人，远不如拥有7分智慧却能够充分表达的人。智慧固然重要，但是表达智慧更加重要，而社交商就是这种智慧的表达能力。

> 3个10岁大的孩子正在去操场的路上，他们要去上体育课。其中两个孩子一看就是运动好手，他们走在后面，嘲笑前面那个身材略微有点矮的孩子。
> 其中一个孩子语气中透着轻蔑："你要尝试跳高了？"
> 受到这样的侮辱，这个年纪的孩子是很容易打起来的。
> 那个有点矮的孩子闭上眼睛，做了个深呼吸，好像要准备战斗一样。
> 出人意料的是，他只是转过身去，平静而又实事求是地说："是的，

## 第四章 探秘社交商——人生幸福感与成就感的源泉

> 尽管我跳得并不好,我还是要试试。"
>
> 停顿了一下,他补充道:"但是我的嗓子棒极了,不管什么歌,我都唱得优美而动听。"
>
> 然后,他指着挑衅的那个孩子,对他说:"至于你,你跳得很高,真的很棒!我也希望有一天能像你一样,但是就是做不到,我想通过不断练习我总能提高一点点的。"
>
> 听到这话,那个挑衅的孩子轻蔑的态度彻底消失了,他友好地说道:"其实你的跳高技术也没有那么差劲,如果你愿意的话,我倒可以教你几招。"

上面这个小故事向我们展示了社交商的无穷魅力,正是高明的社交商使本来可能发生的"战争"结出了友谊之花。那个胖乎乎的"小歌唱家"不仅成功地化解了一场矛盾,而且在更深层面上,他还引导了对方的情绪走向。

通过保持冷静的心态,那个积极乐观的"小歌唱家"在听到别人的嘲讽后压住了可能爆发的怒火,而且,他还引导另一个孩子进入了自己友好的情绪状态中。这种神经系统的"柔道"把孩子们的敌对状态转化成友善,绝对体现了卓越的社交智慧。

在史前社会人们赖以生存的基本能力中,社交商就占着举足轻重的地位。与其仅仅思考我们现代社会中社交商所包含的内容,不如先推理出大自然赋予了我们哪些赖以生存的社交能力。

丹尼尔·戈尔曼将人类赖以生存的社交能力归结为两大类:社交意识和社交技能。

所谓社交意识即我们对他人的感知。社交意识涵盖的范围很广,从对他人心理状态的瞬间感知,到了解他人的感情和思想,再到对纷繁复杂人际关系的洞察,都属于社交意识的范畴。它具体包括如下4个方面。

(1)初步移情:理解非语言的情感信息,体会他人的感受。

(2)适应:专心致志地倾听、适应他人。

(3)准确移情:理解别人的思想、感情和意图。

(4)社交认知:清楚地知道社会交往活动的具体规范。

了解别人的感受、思想或者意图仅仅是一个开端，并不一定能够保证交流成功。接下来的社交技能是在社交意识基础上进行的。所谓社交技能即指我们在产生感知之后的后续行为。良好的社交技能才能保证交流的顺畅和高效。具体说来，社交技能包括如下4个方面。

（1）一致性：非语言层面上的交流顺畅。

（2）自我表达：能够清晰地表达自己的想法。

（3）影响力：影响社会交往活动效果的能力。

（4）关怀：关心别人的需求并且能够采取相应的行动。

上面所列出的社交意识和社交技能增加了4个当今社交商理论中从来没有提到的内容：初步移情、适应、一致性和关怀。现在，有许多测试和量表来衡量社交意识和社交技能的各个方面。但是，它们涵盖的内容都不全面。完美的测试方法应该包括社交商的各个方面，并且能够指出人们在社交中的优势和缺陷。

## ☀ 自我把脉：你善于编织人脉关系网吗

你想回顾过去在人际关系方面的得失吗？你了解自己编织的关系网对你是有利还是有妨碍吗？下面的题会给你答案。请选择最适合自己情形的答案。

### 测试开始

1．你与朋友们相处，通常的情形是：

A．倾向于赞扬他们的优点。

B．以诚为原则，有错我就指出来。

C．我的信条是不胡乱吹捧，也不苛刻指责。

2．结交一位朋友你通常是：

A．由熟人、朋友的介绍开始。

B．通过各种场合的接触。

C．经过时间、困难的考验而交定。

## 第四章 探秘社交商——人生幸福感与成就感的源泉

3. 对你来说，结交人的主要目的是：

A．使自己愉快。

B．希望被人喜欢。

C．想让他们帮我解决问题。

4. 你的朋友，首先应具备哪种品质？

A．能使人快乐轻松。

B．诚实可靠、值得信赖。

C．对我有兴趣、关注我。

5. 你与朋友的友谊能保持多久？

A．大多是日久天长式。

B．有长有短，志趣相投者通常较长久。

C．弃旧交新是常有的事。

6. 走入一个陌生的环境，对那些陌生人，你：

A．常能很快记住他们的名字与某些特点。

B．想记住他们的信息，但失败时居多。

C．不去注意他们。

7. 你出门旅行时：

A．通常很容易就交到朋友。

B．喜欢一个人消磨时间。

C．希望结交朋友，但难以做到。

## 测试标准

| 选项＼题号得分 | 1 | 2 | 3 | 4 | 5 | 6 | 7 |
| --- | --- | --- | --- | --- | --- | --- | --- |
| A | 1 | 5 | 3 | 1 | 5 | 3 | 5 |
| B | 3 | 1 | 1 | 3 | 1 | 1 | 1 |
| C | 5 | 3 | 5 | 5 | 3 | 5 | 3 |

测试结果如下。

7～16分：结网能手。

17～26分：水平中等。

27～35分：结网技能较差。

## 处理人际关系的4大原则

处理好人际关系的关键是要意识到他人的存在，理解他人的感受，既满足自己，又尊重别人。下面4个重要的人际关系原则或许能给你带来一些启示。

### 1. 真诚原则

真诚是打开别人心灵的金钥匙，因为真诚的人使人产生安全感，减少自我防卫。越是好的人际关系越需要关系的双方暴露一部分自我，也就是把自己的真实想法与人交流。当然，这样做也会冒一定的风险，但是完全把自我包装起来是无法获得别人的信任的。

### 2. 主动原则

主动对人表示友好，主动表达善意能够使人产生受重视的感觉。主动的人往往令人产生好感。

### 3. 交互原则

人们之间的善意和恶意都是相互的，一般情况下，真诚换来真诚，敌意招致敌意。因此，与人交往应以良好的动机作为出发点。

### 4. 平等原则

任何好的人际关系都让人体验到自由、无拘无束的感觉。如果一方受到另一方的限制，或者一方需要看另一方的脸色行事，就无法建立起高质量的人际关系。

最后，还要指出，好的人际关系必须在人际关系的实践中去寻找，逃避人际关系而想得到别人的友谊只能是缘木求鱼，不可能达到理想的目的。受人欢迎有时胜过腰缠万贯！

## 社交商如何提高

丹尼尔·戈尔曼曾说:"生活的意义主要是依赖我们的幸福感和成就感。而高质量的人际关系是这两者的主要源泉之一。情绪传染意味着我们相当一部分的情绪的好坏是由交流决定的。从某种意义上来说,和谐的人际关系就像情绪维生素一样,可以帮助我们渡过难关,并且在日常生活中滋养我们。"所以说,找到"幸福感的源泉"才是"最重要的事"。幸福感本质上是一种人的内在功能与外在对象的高度契合感、物我两忘的交融感,其反面是深切的孤独感。数字化技术为人们提供越来越先进的沟通和交流工具(手机、互联网等),但这些沟通和交流工具再发达,都只是一种虚拟的沟通和交流,它让人类进入前所未有的狂欢状态,但这终究是一种"孤独的狂欢"。正如迅速升级的电脑并不能提高人的智商,日新月异的网络和通信技术也不能提高人的社交商。

那么,社交商应该通过什么来提高呢?准确的答案是从改善自己入手。下面是提高社交商的几个具体步骤。

**步骤一:用微笑控制紧张情绪。**

许多人认为表现出对某件事的紧张,不仅能够证明自己的做事态度,还可以引起别人的重视。但实际上,紧张是最明显的失控指标。消除紧张和压力的最好办法就是微笑,控制说话的节奏,并且避免重复沟通。如果配以和谐的动作、得体的玩笑,那就再完美不过了。

**步骤二:倾听,让你的意见更具说服力。**

倾听不仅仅表明你很尊重对方,同时也告诉对方,他应该用同样的方式尊重你。除此之外,还表示你在进行思考——因此你给出的答案和建议比起脱口而出更具说服力。例如,当一个职员发觉自己的陈述还不到一半,上司就已经给出了修改意见,那么他当然会觉得自己的能力不受重视。

**步骤三：不温不火的"调和术"。**

通常社交商高手总是不动声色地游走在不同人群之中，以不温不火的亲切友好态度进行沟通和交流。他不会让你觉得他是控制整个局面的人，但他的确以个人魅力悄然形成一个人际圈。在生活中，你也应该修炼这种不温不火的"调和术"。例如，面对一个急躁的人，你要冷静；但是遇见一个如"温暾鬼"般的人，你则要适当加快自己的节奏了。

**步骤四：用真诚为每个人带来"利益"。**

如同爱情一样，无目的的人际交往在这个时代并不能长存，其实我们每个人的社交核心和支柱就是"利益"。这里的"利益"不代表"功利"，知识、想法，甚至大家关心的资讯都可以成为加强社交关系的武器。所以让自己成为一个"有利用价值的人"吧！在"被利用"中积累丰富的人脉，再把这些资源进行优化组合，你会发现自己的社交能量在以几何形式增加。但是，切记：你的目的和态度一定要真诚，太过功利的"交换"心理，会被高社交商的伙伴一眼识破。

## 第二节
## 社交商与情感

### ☀ 你是否具有同理心

有句英国谚语说:"要想知道别人的鞋子合不合脚,穿上别人的鞋子走一英里。"这句谚语讲的就是同理心。

同理心一词源自希腊文 empatheia(神入),原来是美学理论家用以形容理解他人主观经验的能力。现在,我们普遍认为同理心是个心理学概念。它的基本意思是说,你要想真正了解别人,就要学会站在别人的角度来看问题。

时常有些人抱怨自己不被他人理解,其实,换个角度别人可能也有同样的感受。当我们希望获得他人的理解,想到"他怎么就不能站在我的角度想一想呢"时,我们也可以尝试自己先主动站在对方的角度思考,也许会得到一种意想不到的收获。

生活中的你是个具备同理心的人吗?你善于体察他人吗?你与他人共鸣的能力如何?下面是一道关于共鸣能力的测试题,相信对你了解自己一定有很大的帮助。该测试共有18道小题，为保证测试结果的科学性，请你根据自己的实际情况作答。

## 测试开始

1. 一群志愿者参加社会心理学家进行的有关电器治疗效果的实验。实验开始前，他们中有人感到十分不安，有人比较镇定。实验开始前10分钟，那些坐立不安的人会采取什么行动？

A. 希望在实验开始之前到隔壁房间等候。

B. 希望和同样感到不安的人一起等候。

C. 希望和镇定的人一起等候。

D. 既不想自己一个人独处，也不想和别人在一起。

2. 美国某个研究团体正在进行一项研究，想知道团体工作时，其中的外来分子对民主化的工作方式和权力主导型的工作方式，哪一种反弹力较大。

A. 对权力主导型的反弹较大。

B. 对民主化的反弹较大。

3. 美国的社会科学工作者研究选举活动期间有选举权者的行动，他们想知道，有选举权者把注意力放在支持政党的宣传上还是他党的宣传上。有选举权者的行动为何？

A. 注意所有政党的宣传。

B. 注意他党的宣传。

C. 特别注意自己支持的政党的宣传。

4. 第一次碰面就非常讨厌某人，如果再碰到他会如何？

A. 让关系改善。

B. 本质不变。

C. 更讨厌他。

5. 社会心理学者想知道使人受影响的最有效方法，因此召集一群人举办一场让人有印象的演讲，说明为了提升工作效率，"速读"的重要性。一方面又聚集另一群人，和他们讨论有效率的"速读"带来什么效果。然后社会科学工作者比较结果，看看哪一种方法适合推广速读。

　　A．参加演讲的人愿意出席"速读"讲习会。但参加讨论的人较少。

　　B．讨论的方式较好，这群人也愿意参加"速读"讲习会。

　　C．看不出有何差别。不论是演讲还是讨论，都有一定的人数参加"速读"讲习会。

　　6．美国某个研究团体，和大学教授、一般民众、罪犯谈话并介绍他们，然后将这完全相同内容的录音带放给不同人听。给听众最大影响的是谁？

　　A．大学教授。

　　B．一般民众。

　　C．罪犯。

　　7．某个美国社会心理学家观察一个团体里的成员。团体评价最低的人在打自己擅长的保龄球时，成绩往往超过评价较高的人。这时候团体中成员的反应为何？

　　A．评价低的人很高兴自己受到肯定，能够稳固在团体中的地位。

　　B．评价低者的成功受到批判性的排斥。"反叛者"（评价低者）必须降低保龄球的分数，回到原有工作排名（仍是最后），接受嘲弄、讽刺的折磨。

　　8．美国某社会科学工作者想知道心情对观众有多大的影响。他要求被实验者画出正在挖沼泽的年轻人的情景，同时使用催眠术，让被实验者心情不安或感到幸福。在这两种心情的影响下，他们会画出什么样的图呢？

　　A．幸福的心情：幸福的画面。令人联想到夏天，那就是人生；在户外工作；真实的生活——种树，看着树长大。

　　B．不安的心情：他们会不会受伤？应该有个知道如何应付灾难场合的老人和他们在一起才对，水究竟有多深呢？

　　C．心情不会影响作画，能够很客观地描绘。

　　9．社会科学工作者想知道熟悉与未知之间，何者能让人感兴趣，因此，让买新车的人和长年开同型车的人大略翻一下杂志。谁会仔细看和自己的车同型的汽车广告？

A．买新车的人之中，看自己新买汽车的广告比看其他厂牌的汽车广告多28%；本来就是有车的人，看现有汽车广告比看其他厂牌的汽车广告只多4%。

B．本来就有车的人，看自己现有汽车的广告比看其他厂牌的汽车广告多28%；买新车的人，看自己新买汽车比看其他厂牌的汽车广告多4%。

C．不论是买新车或早就有车的人，看其他厂牌的汽车广告比看自己拥有汽车的广告多11%。

10．英国的心理学家以"为什么青少年不能开车"为题，对青少年展开10分钟的演讲，但在演讲前先将青少年分成两组，一组知道题目，另一组什么都不知道。哪一组比较会受到演讲内容的影响？

A．演讲前知道内容的那一组。

B．什么都不知道的那一组。

C．两组都受到强烈影响。

11．英国社会心理学家让一群人看人的脸部画像。有几张让他们看20次以上，其他的只让他们看两次。哪一边会获得善意的评价？

A．比较少看到的脸。

B．观看次数较多的脸。

C．没有差别。

12．英国的心理学家对儿童进行下列实验。先在房间里布置几个好玩的玩具，再把儿童分为两组。让一组直接进房间玩耍；另一组待在可以看到房间内布置的窗口一会儿之后才进入房间。哪一组容易把玩具弄坏？

A．两组都一样。

B．马上进房间的小孩破坏力较强。

C．在外面等候的孩子破坏力较强。

— 168 —

13. 美国的心理学家，让愤怒和心平气和的被实验者看拳击比赛的电影和没有攻击镜头的温和性电影。看完之后，谁的反应最激烈？

　　A．看拳击电影的愤怒者。

　　B．看温馨电影的愤怒者。

　　C．看拳击电影的平静者。

　　D．看温馨电影的平静者。

14. 请被实验者尝尝某种液体是否有苦味。社会科学工作者已将带有苦味之物质用水稀释，有70%的人说苦，30%的人说没有味道。然后把尝不出味的9个人，和感觉很苦的1个人聚集在一起，请尝出苦味的人说说那种苦的味道。结果，这10个人的感觉会有什么变化？

　　A．感觉苦的人，他毫不动摇地肯定，影响了其他人。第二次试饮时，那9个人也觉得有点苦。

　　B.9个人并不受影响。

　　C．感觉有苦味的人受到其他9个人的影响，第二次试饮时也不觉得苦了。

15. 处于不安状态和未处于不安状态的人，谁会对陌生人感到强烈不安？

　　A．两者之间没有差别。

　　B．处于不安状态的人。

　　C．未处于不安状态的人。

16. 英国的社会心理学者对看《007》电影和歌舞剧的观众，做攻击性倾向的调查。何者会表现较强的攻击性？

　　A．看《007》电影之前的观众。

　　B．看完《007》电影的观众。

　　C．看歌舞剧之前的观众。

　　D．看完歌舞剧的观众。

　　E．无法确认攻击性的差别。

17. 美国的社会科学工作者要求初、高中生，大学生，社会人士

（均接受同等教育）判断几项陈述是否正确。4周后，再要求他们对相同陈述做出判断，但这次却先告诉他们"你的评断和大多数人不同"，这个补充说明会带来什么影响？

A.64%的初、高中生，55%的大学生，40%的社会人士更改他们的意见。

B.64%的社会人士，55%的大学生，40%的初、高中生更改他们的意见。

C.每一组都只有少数人更改意见。

18.社会科学家想知道在讨论会中，使集体意见一致的人是不发言的沉默者还是参加讨论者。谁较容易受团体意见的影响？

A.沉默不发言者。

B.发表意见者。

C.没有差别。

## 测试结果

1~18题的正确答案分别如下：

B，A，C，B，B，A，B，A，A，B，B，C，B，A，B，B，A，B。答对一道得一分，算算总共答对几题。由下表看看自己的社会共鸣能力如何（先找出属于自己的年龄栏）。

| 14～16岁 | 17～21岁 | 22～30岁 | 31岁以上 | 共鸣能力 |
| --- | --- | --- | --- | --- |
| 11～18分 | 14～18分 | 17～18分 | 15～18分 | 非常强 |
| 10分 | 12～13分 | 15～16分 | 13～14分 | 强 |
| 8～9分 | 10～11分 | 11～14分 | 9～12分 | 普通（尚可） |
| 6～7分 | 6～9分 | 9～10分 | 7～8分 | 普通（偏低） |
| 0～5分 | 0～5分 | 0～8分 | 0～6分 | 弱 |

非常强——社会共鸣能力十分出色。能站在他人之立场想象当时的情况、当事人的反应。

强——有较强的共鸣能力，对社会状况的判断正确，亦能察觉别人欲采取之行动。

普通（尚可）——社会共鸣能力处于平均水准，尚可。

普通（偏低）——不常为人设身处地地着想，很难正确预见他人的行动。

弱——很少能正确判断社会状况，站在他人立场，得知别人将采取之行动的能力稍差。有必要改善你的共鸣能力，多与人往来、交际对你会有帮助。

## 提高同理心的 10 个要诀

缺乏同理心的人是不能从他人的角度出发去理解他人的，他们常常不能接受别人的观点，却一定要求别人接受他们的观点。对这样的人，人们自然就会"敬而远之"。那么，我们该怎样来提高自己的同理心呢？下面的 10 个要诀或许能带给你一些启发。

（1）重视他人的感情、欲求、愿望。

（2）学会耐心听完他人的意见，即使你不赞同。听对方说完，问清楚不懂的地方，再下定论。

（3）在路上、餐厅、公共汽车上，观察人的表情、动作，推测其心理状态。

（4）不能光凭外表来看一个人，更重要的是要知道那个人的基本精神态度。这可由交谈中得知。

（5）看电视、录像带时关掉声音，想象剧中人物在说什么。一定要先考察剧中人物的情绪。

（6）和人讨论事情时，遇到对方意见与自己的完全不同时，要想想个中原因。

（7）问问自己为什么在某些状况下有特定反应，难道没有其他反应吗？了解自己的行为背景之后，更容易体谅别人的立场。

（8）如果你讨厌一个人，找出你的理由。

（9）判断一个人、决定对他采取何种态度之前，多搜集有关这个人的资料。明白他为人处世的道理，就能做出更正确的判断，有更合适的对应。

(10) 不要忘记，人的举动偶尔会受到心情的影响。

## 你的沟通能力如何

安利公司在面试求职人员时，往往会问求职者最开心的事是什么，如果求职者回答最开心的事是和朋友聚在一起，与朋友一起分享美好的东西，那么这个人的求职过程就会变得简单而容易。安利公司认为做出这一回答的人，一定具备良好的团队精神和沟通能力，而这些素质正是企业发展的关键要素。

不仅如此，良好的沟通能力还是个人处理人际关系的关键。具备良好的沟通能力可以使你很好地表达自己的思想和情感，获得别人的理解和支持，从而和周围的人保持良好的关系。沟通技巧较差的人常常会被别人误解，给别人留下不好的印象，甚至无意中对别人造成伤害。你想了解一下自己的沟通能力吗？那做做下面的测试吧！该测试共有7个小题，选A计3分，选B计2分，选C计1分，最后计算总分。为保证测试结果的科学性，请根据自己的实际情况作答。

### 测试开始

1. 你跟新同事打成一片一般需要多少天？

A. 一天。

B. 一个星期。

C. 10天甚至更久。

2. 当你发言时有些人起哄或者干扰，你会：

A. 礼貌地要求他们不要这样做。

B. 置之不理。

C. 气愤地走下台。

4. 下班后，你有急事要快点走，而值日的同事想让你帮忙打扫，你会：

A．很抱歉地说："对不起，我有急事，下次一定帮你。"

B．看也不看地说："不行，我有急事呢！"

C．装作没听见，跑出来。

5．你的职位获得了提升，你会：

A．感谢大家的信任和支持，并表示一定把工作做好。

B．觉得没什么大不了的，只是要求自己默默地把工作做好。

C．觉得别人选自己是别有用心，一个劲地推托。

6．有人跟你说："我告诉你件事儿，你可不要跟别人说哦……"这时你会说：

A．"哦！谢谢你对我的信任。我不是知道这件事的第二个人吧？"

B．"你都能告诉我了，我怎能不告诉别人呢？"

C．"那你就别说好了。"

7．上司让你和另一位同事一起完成一项任务，而这位同事恰恰和你不怎么友好，你会：

A．大方地跟他握手："今后我们可是同一条船上的人哦！"

B．勉强接受，但工作中绝不配合。

C．坚决向上司抗议，宁可不做。

8．你和别人为一个问题争论，眼看就要闹僵了，这时你：

A．立即说："好了好了，我们大家都要静一静，也许是你们错了，当然，也有可能是我的错。"

B．坚持下去，不赢不休。

C．愤然退场，不欢而散。

## 测试结果

8～12分：表明你的沟通能力较低。

13～19分：表明你的沟通能力正常，在大多数集体活动中表现出色，只是有时尚缺乏自信心。

20～24分：表明你的沟通能力很好。

## 如何提高自己的沟通能力

所谓提高沟通能力，无非是两方面：一是提高理解别人的能力，二是增加别人理解自己的可能性。那么究竟怎样才能提高自己的沟通能力呢？心理学家经过研究，提出了如下具体策略。

**1. 善于倾听**

一般人在倾听时要避免以下现象。

（1）打断对方说话。

（2）发出认同对方的"嗯……""是……"之类的声音。

倾听的最佳方式是不断地让对方发言，愈保持倾听愈握有控制权。

在沟通过程中，80%是倾听，其余20%是说话，而在20%的说话中，问问题又占了80%，从问问题而言，愈简单、明确愈好，答案非是即否，并以自在的态度和缓和的语调为之，那么一般人的接受程度都极高。

**2. 沟通中不要指出对方的错误，即使对方是错误的**

若你沟通的目的是不断证明别人的错误，那么沟通岂能良好？你是否曾遇到过这样的人，他认为自己什么都是对的，且不断地去证明，结果却十分不得人缘？

因此，不妨让与你沟通的对方不失立场，同时也可以让他以另一种角度来衡量事情，最后由他自己决定什么是好什么是坏。因为凡事无所谓对错，只是适不适合你而已，沟通的道理亦同。

**3. 表达不同意见时，用"很赞同……同时……"的模式**

即使你并不赞同对方的想法，但还是要仔细倾听他话中的真正意思。

若要表达不同的意见，不应该说"你这样说是没错，但我认为……"或者"可是，但是……"，而应该说"我很感激你的意见，我觉得这样非常好；同时，我有另一种看法，我们来研究一下，到底什么方法对彼此都好……"。具备良好的沟通能力的人，都有方法"进入别人的频道"，让别人喜欢他，从而博得信任，表达的意见也易被对方采纳。

#### 4. 妥善运用沟通三大要素

人与人面对面地沟通时的三大要素是文字、声音及肢体语言。经过行为科学家 60 年来的研究，面对面地沟通时，三大要素影响力的比率是文字 7%、声音 38%、肢体语言 55%。

一般人常强调话的内容，却忽略了声音和肢体语言的重要性。

其实，沟通便是要达到一致性以及"进入别人的频道"，亦即你的声音和肢体语言要让对方感觉到你所讲和所想十分一致，否则，对方将无法接收到正确的讯息。

因此，在沟通时应不断练习内容、声音、肢体动作的一致性。

## ☀ 社交商提高：做一个受欢迎的人

人人都想做被人喜欢、受人欢迎之人。原因何在？用一句比较通俗的话说就是："这样的人比较吃得开。"那么，你是一个受人欢迎的人吗？我们在此举出一些在交际中不受欢迎的类型，希望诸君引以为戒。

#### 1. 悭吝小气型

一起外出吃饭，总是同伴出钱，坐车、看电影也是朋友掏腰包；从不把自己的任何东西借给别人，唯恐人家不还；说话做事斤斤计较。这种人，朋友都会离他而去。

#### 2. 耍小聪明型

说谎，待人不诚，说话办事喜欢兜圈子。想去打台球，却说去会朋友。每逢朋友有事需要他帮忙，总是推三阻四，找理由逃避。

#### 3. 吹毛求疵型

只知道指责和批判别人，成天这也不对，那也不对，鸡蛋里挑骨头，似乎世上所有的人都无可取之处，唯有他最真最纯，至善至美。然而"水至清则无鱼，人至察则无徒"。喜欢挑肥拣瘦的人永远交不到真朋友。

### 4. 虚伪做作型

人前说一套，背后做一套。表示歉意几次三番，没有一次真心实意；表达感谢，一说再说，从来不是发自心底。留人吃饭，热情备至，人家走了，又说"早该离去"。这种人，迟早会被识破真面目。

### 5. 不注重细节型

当众挖鼻子、掏耳朵、脱鞋子；不敲门直接闯入别人家，进门后把痰吐在地板上，临出门又把主人正在读的书拿走。随随便便，只图自己一时痛快，不管别人方便不方便。这种不拘小节的行为实际上是不尊重他人的表现，最不讨人喜欢。

### 6. 唯我独尊型

自以为是，好为人师，每到一处都趾高气扬、盛气凌人。喜欢评头论足，把自己的意见强加于人，全不顾人家是否愿意听从，乐不乐意接受，总想让别人按照自己的规则去行事。事实上，谁都不愿意被别人当作是无知而愚蠢的人。

以上6类人共同的毛病，就是在交际中总以自我为先而让别人往后站，谁会喜欢与这种人交往呢？

那么，怎样才能做一个受人欢迎的人呢？专家建议，你首先应遵守如下法则。

### 1. 说话时尽量常用"我们"

有位心理专家曾做过一项有趣的实验。他让同一个人分别扮演专制型和民主型两个不同角色的领导者，尔后调查人们对这两类领导者的观感。结果发现，采用民主型方式的领导者受人欢迎。研究结果又指出，这类领导者当中使用"我们"这个名词的次数也最多。而专制型方式的领导者，是使用"我"字频率最高的人，也是不受欢迎的人。

亨利·福特二世描述令人厌烦的行为时说："一个满嘴'我'的人，一个独占'我'字、随时随地说'我'的人，是一个不受欢迎的人。"

在人际交往中，"我"字讲得太多并过分强调，会给人突出自我、标榜自我的坏印象，这会在对方与你之间筑起一道防线，形成障碍，影响别人对你的认同。

## 2. 得饶人处且饶人

> 曹操的曾祖父曹节的仁厚在乡里广为流传。一次，邻居家的猪跑丢了，碰巧曹节家的猪与邻居家跑丢的那头猪长得几乎一样。邻居找到曹家，说曹节养的猪原本是他家的。曹节没有与邻居争吵一句，就把猪交给了邻居。后来，邻居家的猪找到了，才知道搞错了，连忙将猪给曹节送了回去，并连连道歉，曹节宽厚地笑了笑，并没有责备邻居。

曹节这种饶人的方式看起来似乎有点愚，对他人的坏毛病也照单全收，宽容忍让了事，在一些人眼里他们似乎显得有些窝囊、懦弱。而事实上，这才真正说明了他们的为人宽大厚道，只有这样的人才能让人尊重，从而广受欢迎。

## 3. 要有一颗容忍之心

有句话说得好："心字头上一把刀，一事当前忍为高。"忍作为一种处世的学问，对于任何人来说都是不可缺少的，因为我们在生活中会同形形色色的人打交道，也并不是所有的人在所有的时候都谦恭讲理。所以，在面临一件棘手的事情时，我们要有一颗容忍之心，才能不致将事情搞得更糟。

## 4. 不要强迫别人接受你的意见

很多人都是一副"天下第一聪明人"的样子，自己什么都是对的，别人都得听他的。其实有时候，我们很难用简单的是非对错来衡量某一件事情。看问题的角度不一样，结果也就不一样。有人总是试图把自己的观点强加到别人身上，强迫别人接受自己的意见，结果却往往引起他人的不满。

所以，在与别人交往的过程中，我们一定要顾及对方的感受，以宽容为怀，即使他人的观点不正确，应该坚持与对方探讨下去，而不是自以为是地强迫别人接受你的意见。

# 第三节
# 社交商与人际关系

## 你的影响力如何

你有没有发现，有些人只要一出现在某个团体里，就会不自觉地成为核心，身上带有一种无形的威严，别人的言行都会自然而然地受到他的感染，这就是影响力。

亚里士多德说："一个生活在社会之外的人，同他人不发生关系的人，不是动物就是神。"影响力是一种对他人的影响力，是在与他人的交往中，在人际关系的互动中产生的。与他人建立真诚美好的关系是影响力的源泉。

你具有这样的影响力吗？下面是一道关于影响力的测试题，相信对你了解自己一定有很大的帮助。该测试共有17道小题，为保证测试结果的科学性，请你根据自己的实际情况作答。

**测试开始**

1. 你在所从事的某项事业、工作或所在的团体中，有很深的造诣，甚至成为公认的学术带头人，是吗？

## 第四章 探秘社交商——人生幸福感与成就感的源泉

A．的确如此。

B．不是这样。

2．在你看来，自己是个无论在知识上还是修养上都很出色的人。

A．是的，我有这个自信。

B．自己感觉一般。

3．如果假设你是一家服装鞋帽店的老板，一位顾客走进来，想要买一件名贵的大衣和一双便宜的鞋子，你将先卖给他哪一样商品？

A．先卖鞋子，因为它体积小、便宜，可以快速成交，商家应站在顾客的角度为其多做考虑。

B．高档大衣，因为它价格高，生意如果做成，可以带来很高的效益。

4．你是否觉得自己具备随机应变的能力，能在各种地方都得心应手？

A．是的，我有这个能力。

B．某些场合我应付起来得心应手。

C．不是的，很多时候我都感到力不从心。

5．你的体重和身高是在以下哪个范围内？

A．很瘦，个子不高。

B．中等个子，偏瘦。

C．个子很高，体重适当。

D．个子非常高，在190厘米以上，也很重。

6．你觉得下面哪种表述让你更容易接受？

A．我对自己的语言能力没有完全的自信。

B．我的口头表达能力非常优秀。

7．"你想要成为一个有所成就的人，并不在于别人对你的喜爱，而在于别人对你的敬重。"你认为上面的表述是否正确？

A．完全正确。

B．不正确。

8．以客观评价为标准，你对自己所具有的吸引力是如何看待的？

A．非常出色。

B. 出众。

C. 一般。

D. 差。

E. 很差。

9. 你大多数时候会选择下面哪种款式的服装、服饰？

A. 十分前卫、新奇，使人看过一眼便永远难忘。

B. 比较流行的，我不太热衷追赶潮流，但也不会落后。

C. 具有民族特色的服装，比较大众化的。

D. 国外流行的款式，比如欧美的。

E. 喜欢穿着简单、随意，不喜欢职业装的拘谨。

F. 能将就凑合就可以了。

G. 价格低、容易接受的服装。

10. 你很留心你在其他人眼里的印象吗？

A. 的确，我对这个十分关心。

B. 有一些在意。

C. 稍微有一点儿。

D. 很少。

E. 一点也不会把这个放在心上。

11. 你很爱看具有幽默感的漫画吗？

A. 是的，我觉得风趣、有意思。

B. 比较喜欢。

C. 一点都不喜欢。

12. 有观点认为，只要所需达到的目标是正确的，那么达到目标所采取的方式、方法是没有任何限制的，你同意这种看法吗？

A. 完全同意。

B. 在某些时候同意。

C. 不同意。

13. 在你心里，你更能够接受下面哪种说法？

## 第四章 探秘社交商——人生幸福感与成就感的源泉

A．人活一辈子，始终做到表里如一、说话算数是正确的。

B．在某些情况下，表里如一不必过分强调。

14．你对"人们只会对那些经过自己努力获得的、来之不易的物品才会珍惜"持什么意见？

A．完全同意这样的看法。

B．完全不同意以上观点。

15．你感觉对别人表示衷心称赞是非常难做到的事，还是极其简单的事情？

A．真心称赞别人，是很容易的事情。

B．这样做是很不易的，我几乎没有这样做过。

16．当你打算卖一件价格不菲的物品，或者想为自己争取更高的薪金，需要和上司就此进行谈判时，你会采取下面哪种方式？

A．如果是出售物品或加薪，我所出的价格将比我预期的高出许多。

B．我所出的价格会略高于我所希望的，这样双方更容易达成共识。

C．我喜欢直来直去，把心中的价格直接说出来，并告诉对方，没有讨价还价的余地。

17．下面几种说法，你觉得哪一种更有道理？

A．作为领导，在对下属交代任务时，不必说得过多，只要让其无条件完成即可。

B．领导安排下属做某项工作时，一定要把一切都交代清楚，员工有权知道工作的总体规划。

## 测试结果

| 题号 \ 选项得分 | A | B | C | D | E | F | G |
| --- | --- | --- | --- | --- | --- | --- | --- |
| 1 | 5 | 1 |   |   |   |   |   |
| 2 | 5 | 2 |   |   |   |   |   |
| 3 | 1 | 5 |   |   |   |   |   |

（续表）

| 题号\得分 选项 | A | B | C | D | E | F | G |
|---|---|---|---|---|---|---|---|
| 4 | 5 | 3 | 1 | | | | |
| 5 | 1 | 2 | 5 | 2 | | | |
| 6 | 1 | 5 | | | | | |
| 7 | 1 | 5 | | | | | |
| 8 | 3 | 5 | 3 | 2 | 1 | | |
| 9 | 1 | 4 | 5 | 3 | 3 | 2 | 1 |
| 10 | 1 | 2 | 3 | 4 | 5 | | |
| 11 | 1 | 2 | 5 | | | | |
| 12 | 5 | 4 | | | | | |
| 13 | 1 | 5 | | | | | |
| 14 | 5 | 1 | | | | | |
| 15 | 5 | 1 | | | | | |
| 16 | 5 | 3 | 1 | | | | |
| 17 | 1 | 5 | | | | | |

17～30分：你的确没有什么影响力，你习惯受别人的限制或约束，你应该学得更有个性，每个人都是有优势的，只是你的优势还没有被发现和挖掘而已。

31～40分：你对周围人还没有产生太大的影响力，也许你更习惯于平淡的生活状态。

41～58分：你所具有的影响力比你意识的要多些，有很多人被你的言行所影响，你属于像老板那样被下属尊重的人。

59～72分：你已经具备权威人士的气质，你也许并不能将影响力播撒到各个层面，但在你所从事的工作领域内，你无疑是具有特殊影响力的。

73～75分：你确实是一位能够时刻影响别人的人，你身上所体现的身体特征、心理特征和政治态度，对别人总会产生一种威慑力。不管你是否身处领导职务，你具有的这种影响力都是毋庸置疑的。

## 七大方法教你打造影响力

如何打造影响力？如何培养自己的影响力？一般说来，打造影响力的方法主要有以下7点。

### 1．注重可信程度，表里如一

可信度是影响力的核心基础。一个不被信任的人，不论用承诺还是威胁的技巧，都很难产生影响力。

### 2．打动人心的说服力

见解高明、准确才有说服力。在做事、思考的时候，尽量培养从多角度、多方位来看待问题，这样才全面，分析才彻底，才会有说服力。不要一根筋，井底之蛙的问题在于它的视角太狭窄。

### 3．凡事要实事求是，不要想当然

没有地基的东西是站不住脚的，也是高不了的。要知道，你的一次正确观点可以帮你在影响力的等级上加一分，可是夸夸其谈的言论会一次扣你10分甚至更多。

### 4．在日常生活和工作的时候，做事要尽量坚持做到公平、公正

公平、公正往往是叫人信服的最好武器，很多人为此可以抛弃他们自己的生命去追求，可见它的价值及重要性。

### 5．在一些情况下，需要一点牺牲精神

关键的时刻你挺身而出，需要的不仅是勇敢，同样也需要牺牲的精神。你为了大家的利益而牺牲了自己，别人自然会很敬佩你、尊敬你，你在他们心目中的位置就会很高，自然你对他们的影响力就很大了。

### 6．人品方面要追求完美

要知道人不可能是完美的，但是可以去追求完美，这里"完"字的含义在于要不断地、不停息地去努力。别人看到你的努力，一定会敬佩你的。

**7. 培养良好的心理素质**

美国著名心理学家特尔曼曾对 800 名男性进行了长达 30 年的追踪研究，并对其中取得成就最大的 20%的人和成就最小的 20%的人进行比较、分析，结果表明，其成就大小的差别并不在于智力水平的高低，而在于心理素质的差异，可见健全的心理素质对人成功的影响。

## 你的社会适应能力怎样

社会适应，即指个体逐步接受现实社会的生活方式、道德规范和行为准则的过程。它对个体生活具有重要意义。社会适应能力主要由社会认知、社会态度、社会动机、社会情感、社会交往能力等构成。社会适应能力具体包括以下几种能力。

**1．说话的能力**

说话，是体现个人能力的重要手段。话说得好能给人留下良好的印象，为自己的就业提供更多的途径和更好的保障。

**2．人际交往能力**

有些人以自我为中心，在与他人交往时，往往"严以律他人，宽以待自己"，此举极其不妥。良好的人际交往能力，可准确体现你的文明礼貌程度及综合素质高低。

**3．适应环境的能力**

学生生活中对环境的适应能力直接影响其学业成绩的好坏，在职业生涯中直接影响工作的业绩、收入的多少，等等。

**4．自我调控能力**

能正确认识自己，对自己的行为有自我约束力。要学会自我教育、自我管理、自我调控的本事。

**5．协调合作能力**

良好的竞争需要合作，合作是为了营造更好的竞争环境。为此，必须具有协调合作能力。

## 6. 终身学习的能力

现代社会，日新月异，而要跟上社会的发展，就要树立终身学习的理念和能力，只有不断地学习，不断地充电，才能适应日益激烈的竞争环境，才能更好地做好本职工作。

以上 6 种能力中你具备其中的几种呢？下面是一道关于社会适应能力的测试题，相信对你了解自己有一定的帮助。该测试共有 20 道小题，每小题有 5 个备选答案，每题只能选一个答案。请在 10 分钟之内完成。

A——与自己的情况完全相符；

B——与自己的情况基本相符；

C——难以回答；

D——不太符合自己的情况；

E——完全不符合自己的情况。

题号为单数的题目计分方法为：选 A 计 1 分，选 B 计 2 分，选 C 计 3 分，选 D 计 4 分，选 E 计 5 分。

题号为双数的题目计分方法为：选 A 计 5 分，选 B 计 4 分，选 C 计 3 分，选 D 计 2 分，选 E 计 1 分。

将各题得分相加，即为该测试的总得分。

# 测试开始

1. 在许多不认识的人面前公开出现，我总是感到脸红、心跳。

2. 能和大家相处融洽对我是很重要的，为此我经常放弃真实的想法，以便与多数人保持一致。

3. 只要检查身体，我的心脏总是跳得很快，可我在日常生活中并不总是这样。

4. 哪怕是在很热闹的大街上，我也能全神贯注地看书、学习。

5. 参加某些竞赛活动时，周围的人越热情我就越紧张。

6. 越是重大考试成绩越好，比如升学考试成绩就比平时高许多。

7. 如果让我在没别人打扰的空房子里进行一项很重要的工作，那我的工作成效一定很好。

8．不管面临多么紧张的情形，我都能毫不紧张、应付自如。

9．哪怕是已经倒背如流的公式，老师提问时我也会忘掉。

10．在大会发言时，我总会赢得最多的掌声。

11．在与他人讨论问题时，我经常不能及时找到反击的语言。

12．我很愿意和刚见面的人很随意地聊天、说笑。

13．如果家中来了客人，只要不是找我的，我总是想办法避开，不与之打招呼。

14．即使在深夜，我也从不怕一个人走山路。

15．我一直喜欢自己完成工作任务，不愿与人合作。

16．我可以没有任何不满和抱怨地通宵工作，只要有这种安排。

17．我对季节变化比别人敏感，总是冬怕冷夏怕热。

18．在任何公开发言的场合，我都能很好地发挥。

19．每当自己的生活环境发生变化，我总是感到身体不适，闹些小病，如发热、咳嗽等。

20．到一个新的环境工作、生活时，周围再大的变化对我也不会有影响。

## 测试结果

20～51分：你的社会适应能力很差，不太适应现在的生活节奏和周围环境的变化，对于改变，你总是充满恐惧，缺乏主动适应环境的积极性。

52～68分：你的适应能力一般，还有待提高，你完全有能力以更高的热情、更积极的态度主动适应身边的人和事。

69～100分：你有很强的适应能力，无论是自然界的变化，还是地域、环境的变迁，你都能应付自如。

## 如何提高社会适应能力

我们身处的现代社会充满变化，在很多时候，多数人并没有能力改变所处的环境，只能在一定程度上改变自己，提高自己的社会适应能力，让自己更加适应外部环境。

如果想要提高自己的社会适应能力，你不妨从以下4个方面入手：

**1．主动适应社会**

主动适应有利于才能和潜能的充分发展，是人们心理健康的重要标志。如下岗职工摆正自己的位置，努力挖掘潜能，重谋职业，寻求新的发展；在贫困中生活的人自强不息，变压力为动力，勤劳致富。

**2．适当回避挫折**

在实际生活中，有些环境我们难以适应，这时，如有可能应采用回避的方法来减少或消除环境对个体的不良影响。如心理承受能力低的人就不宜炒股票、做期货生意。下岗再就业职工就不宜从事投资过大的事业，应当循序渐进地逐步发展。

**3．学会"坚持"**

学会"坚持"是提高自己社会适应能力的有效药方。遇到不解，多问一句；遇到失意，为自己留一份憧憬和希望，多给自己一次"不放弃"的机会；遇到委屈，给别人多一份理解和宽容，为自己留一份自我批评；遇到困难，为自己留一份"我一定能行"的自信，如此，便可以轻松地做到"坚持"。

**4．寻求社会支持**

社会支持是指个体在遭受挫折时所得到的他人的关心和帮助。社会支持不仅是物质上、经济上的有形支持，更重要的是心理支持。如生活困难者获得社会经济资助，当然这会使他们缓解生活困难，但是难以消除其自卑心理。社会的心理支持可以帮助他们树立自强向上的精神，使其消除自卑感，挖掘潜力，发展能力，赢得人生的成功。

## ✺ 社交商提高：掌握拓展人脉之道

与人交往离不开人脉的拓展。提高社交商的重要方法就是学会拓展人脉关系网。

拓展人脉也要讲究一些方法，有适当的方法相助，你的人脉将会拓展到一定的深度和广度，你的人脉提升也将达到一个高度。

拓展人脉要掌握"选择战略"。街上、饭店餐厅、机场、公共汽车站、酒吧、舞会、朋友聚会，到处都有不少潜藏的人脉。不妨与人谈上一两个小时，一定可以学到一点东西。另外，出差、郊游也是拓展人脉的好机会。

但是，拓展人脉一定要有选择。结人际关系，交的是真情挚友，而不是狐朋狗友，要结交关键时刻能助自己一臂之力的朋友，这是拓展人际关系的要领所在。

拓展人脉要掌握"循序战略"。生活中有这样的人，刚刚认识别人，就迫不及待地大谈他的宏伟蓝图，积极寻找合作机会，结果弄得对方既没兴趣又尴尬。这类人太急于求成了，他忘了一条原则：初识不宜言利。初次相识，尽量谈一些双方共同感兴趣的话题，少谈关系到自身利益的话题。熟了以后，再进一步也不迟啊！

拓展人脉时，若是揠苗助长、急于求成，只会使人离你越来越远。你的积极进取在别人眼里可能是"不择手段"、"急功近利"。最糟的情形，可能会使我们想亲近的人纷纷逃之夭夭。

要拓展真正的关系，并不像"攻城略地"或是来个"全垒打"一般，可持续发展的人脉，应该是久而稳的。正如一位著名人士所说："我从不相信那些在3分钟就跟我称兄道弟的'朋友'。如果要聘用一个人来做重要的事，我一定要找信得过的人。"

拓展人脉要掌握"目标战略"。建立"关系"最起码的做法就是：不要与人失去联络，不要等到有事情时才想到别人。"关系"就像一把剪刀，常常磨才不会生锈。若是半年以上不联系，你可能已经失去这位朋友了。

此外，预定可以变通的目标，试着每天打1～10个电话，不但要拓展自己的"人面"，还要维系旧情谊。如果一天打5个电话，一个星期就有35个，一个月下来，更可达100多个。平均一下，你的人际网络中每个月大概都可能增加十几个"得力人士"。

对于目标战略的实施，每一个目标都不要放过。

大忙人虽事务繁忙，但并不表示绝对无法接近。不必浪费时间在工作时间打电话给他们，这些人不是在开会就是在做报告，或是出差了。

要利用空当，"拉关系"的高手认为傍晚六七点是这些忙人的"黄金时段"。秘书、助理等大概都走了，只剩下一些工作狂还舍不得走，希望自己的"埋头苦干"能给老板留下美好的印象。此时是联络这些"贵人"最适当的时机。

总之，放开一点，不要以为位高权重者都是高不可攀的人物。只要抓住窍门和时机，就能联络到你目标中的每一个人。大凡有能力、有地位的人都有层层的关卡，若能突破这些障碍，剩下的也就不攻自破了。

拓展人脉要掌握"诚信战略"。人正、心诚、守义、守信，才能拓展人际关系。因此，要树立"诚实守信"的公众形象。否则，人际关系越广，越是"臭名远扬"。

拓展人脉要掌握"互利战略"。还有一点要提及的是，人际关系的最高战略是互惠互利。有人深谙此道，经常主动帮朋友解决一些实际困难，增加自己的价值被利用的机会。无疑，肯定是利人利己的。

拓展人脉要掌握"多烧香战略"。有的人"无事不登三宝殿"，有事就找你，没事时，连个人影都见不着。人际关系要不断拓展，更需经常性地烧香拜佛，要不然，就成了"狗熊掰玉米"。长期维护的人际关系，才会如陈年的酒，越久越醇。

拓展人脉要掌握"记录战略"。像写日记一样，数十年如一日，这可能不容易做到；然而如果有恒心、有耐力，一定能"功夫不负有心人"。如果你很认真地在拓展自己的"关系"，认识的人一定不少。要追踪成果、找出真正的"贵人"，不妨记录每一次联系的情形。在记忆犹新的时候就要趁热打铁，如果等到日后再来补记，效果就大打折扣了。

可记录的要点包括：姓名、地址、联系方式、你的看法以及日后查找方法，用不着事无巨细地像在写一篇动人的散文。

要有收获，一定要下不少工夫。但是，想到可以跟这么多杰出的人士见面，付出再多也是值得的。一旦习以为常，也就不以拓展"关系"为苦了，反而觉得乐意、刺激。

# 第四节
# 社交商的培养

## ❋ 打造良好的第一印象

第一印象，即指陌生人第一次见面时给对方留下的印象。第一印象非常重要，以至于在今后很长时间内都会影响别人对你的看法。

心理学家曾做过这样一个实验，他们设计了两段文字，描写一个叫吉姆的男孩一天的活动。其中一段将吉姆描写成一个活泼外向的人：他与朋友一起上学，与熟人聊天，与刚认识不久的女孩打招呼等；而另一段则将他描写成一个内向的人。心理学家让有的人先阅读描写吉姆外向的文字，再阅读描写他内向的文字；而让另一些人先阅读描写吉姆内向的文字，后阅读描写他外向的文字，然后请所有的人都来评价吉姆的性格特征。

结果，先阅读外向文字的人中，有78%的人评价吉姆热情外向；而先阅读内向文字的人中，则只有18%的人认为吉姆热情外向。

由此可见，第一印象真的很重要！人们对你形成的某种第一印象，通常难以改变。而且，人们还会寻找更多的理由去支持这种印象。有的时候，尽管你的表现并不符合原先留给别人的印象，但人们在很长一段时间里仍然会坚持对你的最初评价。

现在，我们已经了解了第一印象的重要性，那么怎样做才能给人留下良好的第一印象呢？你可以尝试从以下几个方面做起。

### 1. 拥有自信的姿态

自信是人们对自己的才干、能力、个人修养、文化水平、健康状况、相貌等的一种自我认同和自我肯定。一个人要是走路时步伐坚定，与人交谈时谈吐得体，说话双目有神、眼睛正视对方、善于运用眼神交流，就会给人以自信、可靠、积极向上的感觉。

### 2. 微笑待人

第一次见面，热情地握手、微笑、点头问好，这些都是把友好的情意传递给对方的途径。在社会生活中，微笑有助于人们之间的交往和友谊。但与别人第一次见面，笑要有度，不停地笑有失庄重。言行举止也要注意交际的场合，过度的亲昵举动，难免有轻浮、油滑之嫌，尤其是对有一定社会地位的朋友，不应表露巴结讨好的意思。趋炎附势的行为不仅会引起当事人的蔑视，连在场的其他人也会瞧不起你的。

### 3. 得体的仪表、举止

脱俗的仪表、高雅的举止、和蔼可亲的态度等是个人品格修养的重要部分。在一个新环境里，别人对你还不完全了解，过分随便有可能引起误解，产生不良的第一印象。当然，仪表得体并不是非要用名牌服饰包装自己，更不是过分地修饰，因为这样反而会给人一种轻浮、浅薄的印象。

### 4. 讲究信用，遵守时间

在现代社会里，人们对时间愈来愈重视，往往把不守时和不守信用联系在一起。若你第一次与人见面就迟到，可能会造成难以弥补的损失，最好避免。

### 5. 讲究文明，礼貌待人

语言表达要简明扼要，不乱用词语；别人讲话时，要专心地倾听，态度谦虚，不随便打断；在听的过程中，要善于通过身体语言和话语给对方以必要的反馈；不追问自己不必知道或别人不想回答的事情，以免给人留下不好的印象。

## 打造你的亲和力

一个人浑身上下透出亲和力，另一个人整天板着脸，严肃无比，两者你更喜欢与谁交往？相信绝大多数人都会毫不犹豫地选择前者。

亲和力是一种难得的个人魅力，它能唤起人们的热爱，并使人们愿意与之交往。林肯，这位美国历史上最伟大的总统之一，他的品行已成为后世的楷模，他就是一位以亲和、宽容、悲天悯人而著称的杰出人物。

在林肯的故居，挂着他的两张画像，一张有胡子，一张没有胡子。在画像旁边的墙上贴着一张纸，上面歪歪扭扭地写着这些话。

亲爱的先生：

我是一个11岁的小女孩，非常希望您能当选美国总统，因此请您不要见怪我给您这样一位伟人写这封信。

如果您有一个和我一样的女儿，就请您代我向她问好。要是您不能给我回信，就请她给我写吧。我有4个哥哥，他们中有2人已决定投您的票。如果您能把胡子留起来，我就能让另外2个哥哥也选您。您的脸太瘦了，如果留起胡子就会更好看。所有女人都喜欢胡子，那时她们也会让她们的丈夫投您的票。这样，您一定会当选总统。

格雷西

1860年10月15日

在收到小格雷西的信后，林肯立即回了一封信。

我亲爱的小妹妹：

收到你15日前的来信，非常高兴。我很难过，因为我没有女儿。我有3个儿子，一个17岁，一个9岁，一个7岁。我的家庭就是由他们和他们的妈妈组成的。关于胡子，我从来没有留过，如果我从现在起留胡子，你认为人们会不会觉得有点可笑？

忠实地祝愿你的

林肯

> 次年2月，当选的林肯在前往白宫就职途中，特地在小女孩的小城韦斯特菲尔德车站停了下来。他对欢迎的人群说："这里有我的一个小朋友，我的胡子就是为她留的。如果她在这儿，我要和她谈谈。她叫格雷西。"这时，小格雷西跑到林肯面前，林肯把她抱了起来，亲吻她的面颊。小格雷西高兴地抚摸他又浓又密的胡子。林肯对她笑着说："你看，我让它为你长出来了。"

亲和力的力量是如此之大，它不仅可以让人萌发亲近的愿望，使得即使是陌生人也会"一见如故"，而且有助于人们登上事业的高峰。伟人尚且如此，我们何苦总是一副严肃得让人不敢冒犯的样子呢？多一点亲和力，多一份迷人的个性，也就增加了一点与人交往成功的可能。

## 社交商提高：多做幽默"深呼吸"

中国著名作家林语堂先生曾说："达观的人生观，率直无伪的态度，加上炉火纯青的技巧，再以轻松愉快的方式表达出你的意见，这便是幽默。"

幽默是一种天然的精神兴奋剂和放松剂。幽默是精神忧郁症的缓解剂。幽默更是一门社交艺术，是与人相处的润滑剂，是提高社交商的灵丹妙药。

> 一次，有一个从俄亥俄州来的人拜访林肯总统时，正有一队士兵在门外等候林肯训话。
> 林肯请这位朋友随他外出，并继续和他密谈。但是，当他们行至回廊时，军队齐声欢呼起来。那位朋友这时便应该识趣地退开，但他并没有这样做。于是，一位副官走到那人面前，嘱咐他退后几步。他这时才发现自己的失态，窘得满脸通红。但是，林肯却立即微笑说："白兰德先生，你得知道他们也许分辨不出谁是总统呢！"在那难堪的一瞬间，林肯用他的幽默化解了这一窘迫的局面。

人们凭借幽默的力量，打碎自己的外壳，主动与人交往。通过幽默，人们能感受到你的坦白、诚恳与善意。

但是，幽默只是手段，并非目的，我们不能为幽默而幽默。一定要根据具体的题旨、语境，适当地选用幽默话语。

那么，怎样保证自己能"幽默常在"呢？请你在日常的生活中多做幽默"深呼吸"。

**方法一：打造幽默的资本。**

对生活丧失信心的人不可能再运用幽默的资本，整天垂头丧气的人也无法品尝幽默的妙用。因此，能够幽默的人首先应该对生活充满期望和热爱，自信地对己、对人，即使身处逆境也应该快乐。

快乐是幽默的源泉，拥有快乐，不仅可以常给自己幽默，还可以让别人幽默起来。怎样才能保有"快乐"呢？秘诀之一是自娱自乐。

**方法二：挖掘幽默资源。**

幽默是可以学习的，因此为了开发自己的幽默资源，就必须先进行资源共享。多读些民间笑话、搞笑小说，多看一些喜剧，多听几段相声，随时随地收集幽默笑话。

周围世界充满了幽默，你得睁大眼睛、竖起耳朵，去发现，去倾听。这儿有两则生活中极幽默的广告和标语："欢迎顾客踩在我们身上！"这是瓷砖和地板商店门口的广告。另一则是花店门口的广告："先生！送几朵鲜花给你所爱的女人吧，但同时别忘了你太太。"

幽默有两种来源，一个是你真诚的内心世界，另一个是生活中无处不在的客观世界。当你用智慧把这两种资源统一起来，并有足够的技巧和用创造性的新意去表现你的幽默力量，你就会发现自己置身于有趣味的世界中，人际关系由此顺畅起来，成功也就指日可待了。

# 第五章
## 认清自我的性格类型

# 第一节
# 认识性格，定位自己

## 性格是我们最本质的象征

心理学认为：性格是一个人"典型性的行为方式"，也就是说，一个较成熟的人在各种行为中，总贯串着某一种典型的方式，这是经常的，而不是偶然的。这就是性格。

例如：王某不论在众人聚会的场合，还是在工作中都是开朗大方、活力四射的。这样，我们会说他的性格是活泼的。如果某一日，他有点心事，因而变得沉默寡言，但这只是很偶然的情形，我们也不会说他的性格是沉默寡言。性格是人的心理的个别差异的重要方面，人的个性差异首先表现在性格上。恩格斯说："刻画一个人物不仅应表现他做什么，而且应表现他怎样做。""做什么"，说明一个人追求什么、拒绝什么，反映了人的活动动机或对现实的态度；"怎样做"，说明一个人如何去追求要得到的东西，如何去拒绝要避免的东西，反映了人的活动方式。如果一个人对现实的一种态度，在类似的情境下不断地出现，逐渐地得到巩固，并且使相应的行为方式习惯化，那么，这种较稳固的对现实的态度和习惯化了的行为方式所表现出来的心理特征就是性格。例如，一个人在待人处世中总是表现出高度的原则性、热情奔放、坚毅果断、深谋远虑、见义勇为，那么，我们说这些特征就构成了这个人的性格。构成一个人的性格的态度和行为方式，总是比较稳固的，在类似的甚至不同的情境中都会表现出来。当我们对一个人的性格有了比较深刻的了解时，我们就可以预测到这个人在一定的情境中将会做什么和怎样做。

尽管性格的差异是普遍存在的，但是不能否认人们的性格也存在着共同性，性格是在人的社会化过程中形成的，因此，它总要受到一定社会环境的影响。人是生活在群体之中的，相同的环境条件与实践活动会使人们的性格带有群体的共性特点，像直爽、热情、好客就是东北人的共性。可以说共性是相对存在的，而性格的差异是绝对的。具体来说，性格具有如下6大特征。

1. 整体性

性格是一个统一的整体结构，是人的整个心理面貌。每个人的性格倾向性和性格心理特征并不是各自孤立的，它们相互联系、相互制约，构成一个统一的整体结构。一个固执的人同时可能也是坚强果断的，而一个温柔的人也可能同时是宽容的。因此，分析自己的性格时，应当全面，既要看到自己性格的优势，也要看到劣势，只有这样，才能真正认识自己的性格。

2. 稳定性

一种性格特征一旦形成，就比较稳定，不论在何时、何地、何种情境下，人总是以他惯用的态度和行为方式行事。"江山易改，本性难移"，形象地说明了性格的稳定性。

3. 独特性

每个人的性格都是由独特的性格倾向性和性格心理特征组成的，即使是同卵双生子，他们在遗传方面可能是完全相同的，但性格品质也会有所差异。因为每个人在后天的实践环境中，条件不可能绝对相同；而且即使是生活在同一家庭中的兄弟姐妹，宏观环境相同，个人的微观环境也是有差异的。

### 4.社会性

人不仅具有自然属性，同时也具有社会属性。自然因素只给人的性格发展提供了可能性，而社会因素则使这种可能性转化为现实。性格作为一个整体，是由社会生活条件所决定的。中国古代"孟母三迁"的故事就充分地反映了人的性格的社会性。

### 5.可变性

性格会随年龄的增长、环境的变化而发生改变，总体来说是趋向成熟。一个人，当发现自己的性格特征是好的，对他自身的发展有利，他便会通过自我意识来巩固、加强和完善这一性格特点，反之，则会通过自我意识有目的地节制和消除。人便是通过这两种方式来不断完善自己，进行优良而完美的性格的塑造。

### 6.复杂性

人的性格的复杂性，来源于社会现实生活中人的复杂性和矛盾性。人是社会属性和自然属性的统一体，从社会属性来说，人是各种社会关系的总和。由于社会生活的复杂纷纭，人的思想、行为不可避免地要受到来自各方面的影响。因此，人的行为的动机、欲望、需求是相当复杂的。所以，人的性格也往往表现出这种复杂性。

性格的概念是如此的广泛，因此，我们只有准确地了解和把握性格决定行为的规律，不断地认识和了解自己和他人的性格，同时进一步改造和完善自己的性格，才能在真正意义上把握好自己的命运，成就美好的人生。

## 性格影响你的健康状况

完美的健康，应该是身体与心理的双重健康，因此，健康与性格有着千丝万缕的关系。

研究资料表明，各种精神疾病，特别是神经官能症往往都有相应的特殊性格特征为其发病基础。例如强迫性神经症，其相应的特殊性格特征称为"强迫性性格"，其具体表现是：谨小慎微、求全责备、自我克制、优柔寡断、墨守成规、拘谨呆板、敏感多疑、心胸狭窄、事后易后悔、责任心过重和苛求自己等。

有些人平时特别容易激动，生活中一遇到困难或稍有不如意的事情，就整天焦虑、紧张，还有恐惧感，这种性格的人很容易患上高血压。

有的人生来乐观，而有的人却容易悲观失望，抑郁性格的人遇到一点不顺心的事就容易情绪消沉，对工作、生活丧失兴趣和愉快感，忧心忡忡，有时还有自杀念头，很容易得抑郁症。

性格与健康之间应该是互动的关系，我们常说的身心平衡，就是这个意思。一个人心情好了，健康状况就会好，人的身体健康了，心情也就自然会舒畅。

坚强的意志和毅力，能增强人体的免疫力。而免疫力又受到神经系统和内分泌系统的调节和支配。神经系统是由中枢神经（大脑）和周围神经组成。由这两个系统通过神经纤维与激素来调节和支配免疫系统，而免疫系统同样对神经、内分泌系统有调节作用，相互调控使机体与外界保持动态平衡、维护身体健康。一旦某个环节发生故障，都可能对其他系统的功能产生影响而致病。

比如，妇女因精神压抑、生活不规律可导致月经失调，在哺乳期可导致泌乳停止。美国抗癌协会曾有统计资料说明，约有10%的癌症病人可以自愈，这说明坚强的意志和毅力可激发体内产生"脑啡呔"样物质，增强机体免疫力，在体内产生了很强的抗癌力甚至自愈力。

乐观、知足、友善的个性和恬淡、平和的心态，能刺激人体释放大量有益于健康的激素。大脑可以合成50余种有益物质，加强自身免疫功能，其功能状况往往决定人对疾病的易感性和抵抗力。

恐慌、自我封闭、敏感多疑、多愁善感，或过于争强好胜，或过分追求完美，都容易造成内心冲突激烈、人际关系紧张，这种状况会抑制和打击免疫监视功能，诱发或加重疾病。

俗话说："人非草木，孰能无情。"在我们生活的大千世界中，每个人都要面对许多人和事的变化，都要受到各种各样的刺激和影响。针对某一事物，不同的性格会表现出不同的情绪反应。情绪反应不仅要通过心理状态而且要通过生理状态的广泛波动实现。中医学把人的情绪归纳为"七情"：喜、怒、忧、思、悲、恐、惊。但是当这些精神刺激因素超过人的承受限度，或长期反复刺激，便会引起中枢神经系统的失控，波及内脏功能紊乱，因而引发疾病，甚至会使脏器发生器质性病变。

人的心态，尤其是情感和情绪是生命的指挥仪和导向仪。在一切对人不利的影响中，最容易使人颓丧、患病和短命夭亡的因素就是不良情绪和恶劣心境。相反，心理平衡、笑对人生，特别有利于身心健康。所以有人说："自信而愉快是大半个生命；自卑和烦恼是大半个死亡。"愉快的情感会使健康人不容易患病，而使患病者乃至危重病人也能得以康复，创造奇迹。

因此，我们说保持良好的健康的性格是促进身心健康的重要因素，是保证身心健康的重要秘诀。

## ❋ 自我把脉：通过菲尔测试透视你的性格

菲尔测试是美国的菲尔博士在著名主持人奥普拉的节目里做的，国际上称为"菲尔人格测试"，时下被很多大公司人事部门用来测查员工的性格，在普通大众中也很受欢迎，是了解自己性格的一个重要渠道。

现在，请凭你的直觉如实地回答下列问题，各题为单选，选择一个最符合你情况的选项。

### 测试开始

1. 你什么时候感觉最好：

(1) 早晨。

(2) 下午及傍晚。

(3) 夜里。

2. 你怎样走路：

(1) 大步地快走。

(2) 小步地快走。

(3) 不快，仰着头面对着世界。

(4) 不快，低着头。

(5) 很慢。

3. 与人交流时，你一般会：

(1) 手臂交叠地站着。

(2) 双手紧握着。

(3) 一只手或两手放在臂部。

(4) 碰着或推着与你说话的人。

(5) 碰着你的耳朵、摸着你的下巴或用手整理头发。

4. 坐下来时，你习惯于：

(1) 两膝盖并拢。

(2) 两腿交叉。

(3) 两腿伸直。

(4) 一腿蜷在身下。

5. 你一般怎样笑：

(1) 开怀大笑。

(2) 笑，但不大声。

(3) 轻声地、咯咯地笑。

(4) 羞怯地微笑。

6. 当你去参加一个活动时，你会：

(1) 很大声地入场以引起他人的注意。

(2) 安静地入场，找你认识的人。

（3）非常安静地入场，尽量保持不被他人注意。

7．当你正在非常专心地工作时，有人打断你，你会：

（1）欢迎他。

（2）感到非常恼怒。

（3）在（1）（2）两大极端之间。

8．下列颜色中，你最喜欢哪一种颜色：

（1）红或橘色。

（2）黑色。

（3）黄或浅蓝色。

（4）绿色。

（5）深蓝或紫色。

（6）白色。

（7）棕或灰色。

9．临睡前的几分钟，你在床上的姿势是：

（1）仰躺，伸直。

（2）俯躺，伸直。

（3）侧躺，微蜷。

（4）头睡在一手臂上。

（5）被子盖过头。

10．你经常会做的梦是：

（1）从高处落下。

（2）与别人打架或挣扎。

（3）找东西或找人。

（4）在天上飞或在水里漂浮。

（5）平常不做梦。

（6）梦都是愉快的。

## 测试结果

以上各题的分数分配如下：

1. (1) 2 (2) 4 (3) 6
2. (1) 6 (2) 4 (3) 7 (4) 2 (5) 1
3. (1) 4 (2) 2 (3) 5 (4) 7 (5) 6
4. (1) 4 (2) 6 (3) 2 (4) 1
5. (1) 6 (2) 4 (3) 3 (4) 5
6. (1) 6 (2) 4 (3) 2
7. (1) 6 (2) 2 (3) 4
8. (1) 6 (2) 7 (3) 5 (4) 4 (5) 3 (6) 2 (7) 1
9. (1) 7 (2) 6 (3) 4 (4) 2 (5) 1
10. (1) 4 (2) 2 (3) 3 (4) 5 (5) 6 (6) 1

将你每小题的得分进行相加，最后得出一个总分数。

### 1. 低于21分——内向的悲观者

你是一个害羞的、神经质的、优柔寡断的人，你对别人有依赖感，需要别人的照顾；面对事情你永远没有自己的主见，总期待别人为你做决定；你是一个杞人忧天者，一个永远为不存在的问题自寻烦恼的人；也许有些人认为你令人乏味，但那些深知你的人知道你不是这样的人。

### 2. 21～30分——缺乏信心的挑剔者

你是一个谨慎的、十分小心、勤勉刻苦、很挑剔的人，一个缓慢而辛勤工作的人。一般而言，你的言行都在大家的意料之中，也就是说，你的性格是一个相对稳定的性格。

### 3. 31～40分——以牙还牙的自我保护者

你是一个明智、谨慎、注重实效、伶俐、有天赋、有才干且谦虚的人。

你在交友方面很谨慎，但一旦成为朋友，你将对朋友非常忠诚，同时要求朋友对你也有忠诚的回报。

但如果一旦这种信任被破坏，你将会很难过。

### 4. 41～50分——平衡的中庸者

你是一个有活力的、有魅力的、讲究实际的而永远有趣的人；你亲切、和蔼、体贴、能谅解人；你是一个永远会给人带来快乐并会帮助别人的人；你经常是群众注意力的焦点，但是你还不至于因此而昏了头。

### 5.51～60分——吸引人的冒险家

你具有令人兴奋的、高度活泼的、相当易冲动的个性；你是一个天生的领袖，能在很短的时间内做出决定，虽然你的决定不总是对的。

你是一个愿意尝试机会而欣赏冒险的人。因为你能带来刺激，周围的人都喜欢跟你在一起。

### 6.60分以上——傲慢的孤独者

在别人的眼中，你是自负的、以自我为中心的，是个极端有支配欲、统治欲的人。别人可能钦佩你，但同时也会从骨子里讨厌你的自负和高傲。

# 第二节
# MSCP 性格的具体分类

## ❉ 完善型（M 型）——内向、思考、悲观

　　完善型性格的人与活跃型性格的人可以说是两个不同的极端。完善型性格的人在情感方面很冷静，他们不会像活跃型的人一样情感外露，相反，他们深思熟虑、善于分析。但这并不是说他们不喜欢与人相处，只是他们对任何事情都有自己的一套标准，而且对任何事都严肃认真；他们要求事情做得有条不紊，喜欢清单、表格、数据，追求准确，有很强的责任心。

　　完善型性格的人在工作上喜欢预先制订详细的计划，一旦开始工作就完全投入，有条理、有目标地完成，善始善终，永远不会中途放弃。而且他们很懂得利用资源，勤俭节约，讲求经济效益，用最合理的方法解决问题。他们对自己和别人都要求很高，他们注重生活细节，对生活环境很讲究，十分爱卫生、干净，将事情安排得井井有条。

　　在交友上，完善型性格的人和活跃型性格的人可以说是截然相反。

完善型性格的人选择朋友很谨慎，他们的朋友不会很多，但只要是他们的朋友，一般都是十分知心的，可以真诚相对、相互关心。而且他们善于聆听抱怨，积极帮助朋友解决问题。在选择配偶的问题上，他们也追求完美，有着近乎苛刻的标准。完善型性格的父母对孩子有着很高的要求，他们不会像活跃型性格的父母那样把孩子看作自己的朋友，他们希望自己的孩子很出色，因此，他们一般对待孩子都较严厉。

由于完美性格的人善于分析、勤于思考，并且制定相关的计划，目标明确，善始善终，并且高标准、严要求，因此，从某种角度来说：完善型性格的人是离成功最近的人。这也正如亚里士多德所说："所有天才都有完善型的特点。"

当然，任何性格都不是完美的，完善型的性格也存在着自身的不足，由于他们不想让自己太激动，很难让人看出是喜是悲。他们总是显得很阴沉，没有活力，使身边的人也觉得很沉闷。由于他们过分地注重细节，并且非常敏感，在现实生活中，他们极易受到伤害。与此同时他们又具有悲观主义的人生观，对自己和他人及一切事物的要求非常高，这往往带给他们身边的人巨大的压力，并且使他们对自己也过分苛刻。正因为他们的完美主义倾向，使他们总是得不到满足，内心十分痛苦，并且缺乏安全感。

## 活跃型（S型）——外向、多言、乐观

活跃型性格的优点很多，具备这种性格的人通常待人热情、性情奔放、豪迈、幽默、真诚而能言善辩。同时，他们富于浪漫情怀，天生喜欢乐趣，喜欢和人在一起。他们天生具有表演的天才，能把所有人的目光像吸铁石一样吸引过来，不管什么场合，他们永远都是人们瞩目的焦点。他们也很情绪化，感情外露；对任何东西都有着强烈的好奇心，这样就使得他们经常略显孩子气，即使年龄偏大也依然童心未泯，但这并不表示他们对工作没有热情。

活跃型性格的人在工作上也有很高的热情，工作态度很主动，好

奇的性格特征使得他们在工作上富有创造性，充满干劲，同时他们热情的性格又会使他们在工作中与同事和谐相处。他们永远精力充沛、活力四射，总是积极地去做每一件事情，他们从不吝啬赞扬别人，永远不会记恨；与人发生不愉快时，他们很快就会主动向别人示好，所以他们容易交上很多朋友。活跃型性格的父母在与孩子相处中更是如鱼得水，他们把自己的孩子看作是自己的朋友，这也让孩子们感到轻松，从而愿意与父母一起分享他们的小秘密。

　　活跃型性格的人总会用他们的热情和幽默带给我们欢乐；当我们心力交瘁时，他们会带给我们轻松。活跃型性格的人永远是最受欢迎的人。

　　但是，活跃型性格的人也有其本身所固有的缺点，他们虽然健谈，但通常会叽叽喳喳地说个不停。而且，他们在描述一件事情的时候，总是喜欢"添油加醋"，似乎不说得夸张点就表达不出事情的真相。虽然他们喜欢表现自我、展示自我，但也容易以自我为中心，往往把自我放在第一位，对自己的故事津津乐道的同时常常忽视别人的感受。而且这种活跃型性格的人会因其活泼好动、没有耐性的本性而养成了记忆力不好的坏毛病。他们对数字毫无概念，所以他们通常都记不住别人的电话号码和别人的名字。

　　活跃型的人由于性格开朗，喜欢结交朋友，因而他们的朋友是很多的。但也正因为如此，活跃型的人交朋友大多随兴而至，朋友虽多，但真正称得上知心的朋友却很少。

　　而且，活跃型的人做事情总是很有激情地开始，但往往以没有结果而告终，这是阻碍活跃型性格的人成功的最大敌人。

## 能力型（C型）——外向、行动、乐观

　　具有能力型性格的人天生就具有领导者的气质，在工作上他们总是显得活力充沛、充满自信；他们意志坚决、果断，一旦认准目标就绝不放弃；他们不易气馁，总是信心百倍地将事情继续下去，并且不

允许有任何的差错；他们是天生的工作狂，有很强的行动力，设定目标后，就迅速地将全部身心投入到工作中。同时，能力型性格的人善于管理，能综观全局，知人善任，合理地委派工作，寻求最实际、最合适地解决问题的方法。

在交友方面，由于这种性格的人总是自信满满，而且特立独行，再加上他们天生的领导才能，所以他们往往不大需要朋友；另外，由于他们自信的本性，他们往往有点自以为是，听不进别人的意见，所以不大容易交上朋友，因为没人能容忍他们自大的秉性。能力型性格的父母在家庭里可以说是个独裁者，他们说一不二，设定目标，督促全家人行动，像一个领导者一样有条不紊地管理着整个家庭的日常事务。

能力型性格的人永远充满动力，他们会充满理想，勇于攀登高不可攀的顶峰。这些性格特质往往使他们在自己所选择的职业中达到顶峰。

能力型的人正因为力量太强，总想控制别人，会造成许多人的反感。而且，他们永远高高在上，俯视别人的生活，爱指使别人，认为不用他们的方法看待事物的人都是错误的，别人若是犯一点点的错误，他们便不能接受。所以他们希望身边的每个人都听从他们的指示，受他们的支配。最让人忍受不了的是：他们从来都不主动道歉，即使他们错了，他们也会由于过分自信而拒绝道歉，在他们眼中，错误是不可能发生在自己身上的。

## ✹ 平稳型（P型）——内向、旁观、悲观

平稳型性格的人在情感方面显得很低调，总是一副很平和、镇静、坦然自若的样子，对任何事情都很有耐心，对任何情况都能适应。他们性情善良，总是善于隐藏自己内心的情绪，总能平静地接受命运的安排；他们很细心，做任何事情都很周到，绝对不会让别人受到冷落；他们有着一成不变的生活模式，在工作上他们也喜欢从事自己很熟悉或者很熟练的工作，不会轻易变换工作；由于与他们相处没有任何压力，因此，他们具有很强的亲和力；他们善于调节问题，有一定的行

政能力，不是雷厉风行的领导者，但绝对是平和、给人亲切感觉的、可信任的上司。

在交友方面，由于他们是很好的倾听者，对朋友有爱心，所以他们有很多的朋友。但与活跃型性格的人不同的是，平稳型性格的人永远是付出较多的一方，他们喜欢静静地站在一旁给处于困境中的朋友以中肯的建议；这让其他性格的人都愿意找平稳型性格的人做朋友。平稳型性格的父母可以说绝对是好父母，他们对待孩子不急不躁，很有耐心，他们不容易生气，对于孩子的错误他们也很宽容。

但是，平稳型性格的人最大的缺点是没有主见。他们往往因为害怕对事情负责而拒绝作决定，而且他们对任何事情总是显得没有魄力和热情，因为他们害怕变化的结果可能会更糟而宁愿保持现状。也正是因为他们一成不变，因此，他们往往缺乏创新，对自己承诺的事也不会特意花时间去做。

由于他们的性格让他们不愿去伤害别人，因此，他们总是会去做他们并不喜欢的事情，在别人眼里永远是一个"老好人"。但事实上，他们也将违背自己的意愿。

可以说，完善型、活跃型、能力型和平稳型这4种性格无好坏、优劣之分，各有各的优点和缺点。而且，这4种性格之间相互补充，都能积极发挥各自性格的长处，用别的性格的长处来弥补自身性格的短处则会产生意想不到的良好效果。相信大家都很熟悉我国四大名著之一的《西游记》吧！其中的4个主角——猪八戒、唐僧、孙悟空、沙僧的不同性格演绎出来的不同形象一定给你留下了深刻的印象吧！唐僧师徒4人之所以能历尽千辛万苦取回真经，在很大程度上源于这支取经队伍成员性格的黄金组合，即：猪八戒的活跃型＋唐僧的完善型＋孙悟空的能力型＋沙僧的平稳型。在这样的组合之中，这4个人物各自发挥自身性格的优势，同时相互之间互补性格的劣势，这便使得整个队伍中的性格劣势在互补的作用下降到最低，而性格优势则在不断联合下大大加强。这样几乎接近完美的性格组合的团队不取得胜利才怪呢！

# 第三节
# 红、蓝、黄、绿四色性格分类

## ❋ 红色性格

可以说红色类型的人是四种性格中最有魅力的一种性格，他们总是以一种活泼外向的面貌示人，并且开朗、乐观、热情，喜欢成为公众的中心。他们往往有很多新奇的设想和主意，热衷于与别人交谈，特别是谈他们自己。其特点是好奇心重、天真、风趣滑稽、喜欢开玩笑，甚至是恶作剧、不拘小节、丢三落四、"务虚"长于"务实"、处世短于为人。

红色类型的人能说会道且乐此不疲，但通常就是纯粹聊天。他们是自然流露的乐天派，开朗豪爽、喋喋不休，但很少直截了当和咄咄逼人。

他们是一些讲故事的行家，在4种类型中，他们的声音是花样最多的，而且在他们表白个人的感情时，音调会有相当复杂的变化。他们说话可能总有一点演话剧的味道，语速快，而且常常是声音很大。"看看我！我是多么与众不同"，是你经常能从他们的话里听到的潜台词。

这种性格的人很讨人喜欢，他们总是能给人带来快乐，只要有他们在的地方，就会有欢声笑语。

理查德·费曼就是一个这样的人。

> 理查德·费曼是美国加州理工学院物理系教授，任教约40年。20世纪30年代他在普林斯顿大学毕业后，随即被征召加入制造原子弹的"曼哈顿计划"。费曼生性好奇，在严密的保安系统监控之下，他以破解安全锁自娱。取得机密资料以后，留下字条告诫政府小心安全。
>
> 费曼被戴森（《全方位的无限》及《宇宙波澜》的作者）评为"20世纪最聪明的科学家"，他的一生多姿多彩，从没闲着。他在理论物理上有巨大的贡献，以量子电动力学上的开拓性理论获诺贝尔物理奖，在物理界享有传奇性的声誉，他的轶事也被传诵一时。他爱坐在上空酒吧内做科学研究，当那酒吧被控告妨碍风化而遭到取缔时，他上法庭为酒吧老板作证辩护。
>
> 物理学家拉比曾说："物理学家是人类中的小飞侠，他们从不长大，永葆赤子之心。"理查德·费曼永不停止的创造力、好奇心使他成为天才中的"小飞侠"。

《别闹了，费曼先生》这本书是理查德·费曼的一本自传。书中的共同著作人拉夫·雷顿是这样评价费曼的：

> 在长达7年的时间里，我跟费曼经常在一起打鼓，共度了许多美好时光，本书所搜集的故事，就是这样断断续续地从费曼口中听来的。
>
> 我觉得这些故事都各有其趣，合起来的整体效果却很惊人：在一个人的一生中居然会发生这么多神奇疯狂的妙事，简直有点令人难以置信，而这么多纯真、顽皮的恶作剧全都由一人引发，实在令人莞尔、深思，也给我们带来无限的启发和灵感！

事实上，《别闹了，费曼先生》整本书就是描写一个红色性格的"成年顽童"所做的所有好玩的事！让我们来看看费曼念书的时候有多顽皮：

> 我们也常常为邻近的小孩表演魔术——利用化学原理的魔术。我这朋友很会表演，我也觉得那样很好玩。我们在一张小桌上表演，桌子两端各有一个本生灯，上面放了盛着碘的小玻璃碟子——表演时，它们冒出阵阵美丽的紫烟，棒极了！
>
> 我们玩了很多花样，像把酒变成水，又利用化学颜色变化等来表演。压轴戏是我们自己发明的一套戏法。我先偷偷地把手放在水里，再浸入苯里面，然后"不小心"地扫过其中一个本生灯，一只手便烧起来。我赶忙用另一只手去拍打已着火的手，两只手便都烧起来了（手是不会痛的，因为苯烧得很快，而皮肤上的水又有冷却作用）。于是我挥舞双手，边跑边叫："起火啦！起火啦！"所有人都很紧张，全部跑出房间，而当天的表演就那样结束了！

总之，红色性格的人就是这样：让你欢喜让你忧，让你爱也让你恨。用佛罗伦斯·妮蒂雅的一段话来形容红色性格的人是再恰当不过了：

遇到麻烦时带来欢笑，身心疲惫时让你轻松。

聪明的主意令你卸下重负，幽默的话语使你心情舒畅。

希望之星驱散愁云，热情和精力无穷无尽。

创意和魅力为平凡涂上色彩，童真帮你摆脱困境。

## ☀ 蓝色性格

蓝色类型的人总是给人以矜持和沉稳的感觉，他们说话的时候措辞谨慎、语调平缓，似乎不带感情色彩，通常他们只有在自己认为必要的时候才发言。他们的声音也不会告诉你他们在想什么，你有时可能会感觉他们比较冷淡。

蓝色类型的人最突出的特征就是他们绝对是个不折不扣的完美主义者和理想主义者，他们追求完美，为人小心谨慎、擅长思考、酷爱理性分析、在乎细节、敏感但喜怒不形于色。他们做事有条不紊、讲求章法、遇事总循原则，但有时也会显得过于死板。

但也正是由于蓝色类型的人追求完美，有完美主义倾向，因此，他们也是 4 种性格类型中最接近艺术本质的性格，完美而细腻、深邃而独特。因此，蓝色性格往往是最容易造就艺术家的一个性格，在世界著名的艺术家中，不少人都是蓝色性格。像导演过影片《大白鲨》、《E.T 外星人》、《霍克船长》、《侏罗纪公园》、《辛德勒名单》、《拯救大兵瑞恩》及《廊桥遗梦》等的著名导演斯皮尔伯格就是典型的蓝色性格。

> 1946 年 12 月 18 日，斯皮尔伯格出生于美国俄亥俄州。童年的他是个腼腆的男孩，自认为鼻子太大而羞于见人。长辈们说他从小就不爱和人讲话，喜欢一个人待在角落里幻想。直到有一天，他从父亲的手里接过一台 8 毫米摄影机，在摄影机后，那个优柔寡断的男孩突然变成了一个思想深刻、悲天悯人的大导演。他的影片，无论是孩子气十足的《E.T 外星人》、《霍克船长》，还是富有人性哲理的《辛德勒的名单》、《人工智能》，都会让我们为影片背后所展现出来的深刻内涵而感动、深思。他怎么会把大制作拍得如此奇异、梦幻、富有童趣和温情，同时还可以在严肃的电影领域创造令人难以置信的辉煌？到底是怎样的精神世界，让他不但对宇宙产生美轮美奂的梦想，还对世界历史上的暴行产生充满历史感和责任感的叹息之情？

当年那个害羞的小孩子今天已经成为世界级的大导演，可是在他的电影里，我们依然可以隐约看到那个孩童般富于幻想的精神世界。

"我的电影都隐含着自己的童年，隐含在电影的故事或者构思里面，只有童年才能找到我想要的东西。童年是我创作取之不尽、渊博绵延的宝库。"——斯蒂芬·斯皮尔伯格说。

蓝色性格的人似乎天生就有一种高雅而脱俗的艺术家气质，他们总是在沉默中爆发出令人惊叹的力量。那么，就让我们用下面这一段话来概括所有蓝色性格的人，这是对他们最好的评价。

洞悉人类心灵世界的敏锐目光，欣赏世界之美善的艺术品位。所有的天才都具有优势，创作前无古人之惊世作品的才华。工作忙乱时入微的观察，缜密的思维，始终如一的处世目标。任何事都做得有条不紊，具有圆满成功的理想和决心。

## ☼ 黄色性格

　　黄色类型的人个性固执而刚毅，自我感觉良好、充满自信、勇于挑战、遇事善做决断、果敢而不畏风险，然而他们最缺乏耐心，心有所动则溢于言表。那些常常喜欢坐在桌子上发号施令的人，很可能就是黄色类型的人。

　　"她的衣着充满着强烈的色彩……言语中流露出不可阻挡的说服力，出类拔萃、坚定、果断、强硬、挑战、强烈抗议……"这是美国时代周刊的一篇文章，描写的是美国前国务卿奥尔布赖特。也许我们没有亲眼见过这位女国务卿，可是从这篇文章的描述来看，我们已经可以基本确定，奥尔布赖特在公众前的大部分表现可能属于黄色特征。

　　不仅奥尔布赖特是黄色的性格，世界上很多的成功人士，他们的性格大部分都是黄色性格，像无论是在影界好莱坞还是政坛都很出色、并且连续荣获7届"奥林匹克先生"头衔的阿诺德·施瓦辛格也是典型的黄色性格。

---

　　1997年3月1日，国际健美联合会主席把"国际健美联合会金质勋章"授予了阿诺德·施瓦辛格，表彰他为"20世纪最优秀的健美运动员"，代表健美运动史上最优秀的人。

　　施瓦辛格是20世纪唯一获此殊荣的人。

　　谁能想到，出生在奥地利的施瓦辛格，幼年竟然是个体弱多病的孩子。不过幸运的是，他从小就喜爱运动，当他发现自己真正喜爱的项目是举重后，潜心苦练长达3年，铸就了一副强壮的身板。当时，施瓦辛格的父母怕他锻炼过量，限制他去健身房的次数，但他一旦确定了目标就不肯再轻易更改，他说："我不能在镜子里看到自己肌肉松弛的样子，不能违反自己制订的计划。"于是，固执的施瓦辛格把家里一间没有暖气的房间改为健身房继续锻炼。坚持不懈的努力，终于使他在18岁时就获得了"欧洲先生"的称号，20岁那年施瓦辛格更是荣获了"环球先生"的称号。自那之后，他几乎包揽了所有世界级比赛的健美冠军，共集13个世界冠军头衔于一身，这在世界健美界是绝无仅有的。

之后他又开始了演艺生涯，一度成为美国历史上最有票房号召力的明星。现在，大名鼎鼎的施瓦辛格又成了美国加州州长，很多人说他还可能会成为美国历史上第一个非美国本土出生的总统……谁知道呢，在他的身上，什么都有可能发生。

虽然有幸运的成分，但施瓦辛格更多的是靠自己的勤奋走向成功。他有明确的目标，并且甘愿为梦想付出一切。从健美冠军到电影明星，再到加州州长，施瓦辛格用自己的传奇人生提示着人们："只要不放弃自己的追求，梦想总有实现的一天。"

然而，正如施瓦辛格的坚定一样，他的黄色性格中的固执也在他的身上体现得淋漓尽致。

在他担任加州州长后，不仅在政府事务上比较固执，在子女教育上，他也表现出了能力型父母的最主要的特点——用强硬手段来支配子女，命令他们什么该干而什么不该干。

施瓦辛格管教自己的4个儿女时，就像是他扮演的"终结者"，常让一家人感到心惊胆寒。

总之，黄色性格在四种性格中是最容易成功的一种性格，这与他们坚定执着、刚毅强硬等性格特征相关。总体来说，黄色性格也可用以下一段话来加以概括。

当别人失去控制正在迷惘时，他会有着坚强的控制力和决断力。在充满疑虑的前景下，他仍然愿意去把握每一个机会。

面对嘲笑，他会满怀信心地坚持真理；面对批评，他会仍然坚守自己的立场。

当我们误入迷途时，他会指明生活的航向。面对困难，他必定顽强对抗，不胜不休。

## 绿色性格

绿色类型的人就像绿色一样，给人一种和平而宁静的印象，就像是平静的湖面，很难激起波澜。他们一般都平和低调、无异议、少主见；慢性子、不慌不忙、极有耐心、擅长聆听而非表达；诙谐幽默；喜欢平稳的生活而不是冒险，最看重的是与他人关系的亲疏远近。他们很有人缘、注重合作、不喜欢冲突、总希望面面俱到；有时过于保守，对变革从来都不积极，乐于担当旁观者。

他们又是那种与人为善、敏感细腻的人，可能有一点缺乏主见甚至是温良恭顺。他们喜欢询问别人的观点，很少会把自己的观念强加于别人，他们喜欢稳定和被人接受。与表达相比，他们更擅长聆听。说话的时候，他们通常会用比较沉稳和平和的语调。他们的声音中不乏温情和真诚。

我们似乎总能在社会公益活动中见到绿色性格的人，他们似乎永远都是那样的平和与耐心，也许他们没有红色性格的人那样有那么多的梦想，也没有黄色性格的人那样有那么多的目标，但是，他们是最踏实的人，他们总能在平凡的岗位和事情中做出不平凡的成绩。特雷莎修女便是这样一位伟大的绿色性格女性，一位伟大的"绿色天使"。

> 特蕾莎修女是阿尔巴尼亚人，1910年她出生在马其顿首都斯科普里城，但她一生都在印度的加尔各答为穷人服务，并且成为印度公民。
>
> 特蕾莎修女是1979年诺贝尔和平奖的获得者，她是继阿尔伯特·史怀泽博士1952年获得诺贝尔和平奖以来，最没有争议的一个得奖者，也是20世纪80年代美国青少年最崇拜的人物之一。她曾是世界上获奖最多的人之一，但她从未在自己身上花过哪怕一分钱的奖金。她认为她只是"穷人的手臂"，她是代替世界上所有的穷人去领奖的。
>
> 特蕾莎修女除了被誉为"穷人的圣母"外，还被誉为"慈悲天使"、"贫民窟的守护者"、"行动的爱者"、"贫民窟的圣人"、"带光行走的人"，等等。她创建的仁爱传教修女会在她1997年去世时拥有4亿多美金的资产，

世界上最有钱的公司都乐意无偿地捐钱给她；她的组织有7000多名正式成员，组织外还有数不清的追随者和义工；她与众多的总统、国王、传媒巨头和企业巨子关系友善，并受到他们的敬仰和爱戴……

但是，她住的地方，除了电灯外，唯一的电器是一部电话；她没有秘书，所有信件她都亲笔回复；她没有会客室，她在教堂外的走廊里接待所有来访者；她穿的衣服，一共只有3套，而且自己换洗；她只穿凉鞋，不穿袜子。当她去世时，人们看到她所拥有的全部个人财产，就是一张耶稣受难像，一双凉鞋，和3件滚着蓝边的白色粗布纱丽——一件穿在身上，一件待洗，一件已经破损，需要缝补。

特蕾莎修女的思想核心只有4个字：爱无界限。特蕾莎修女曾经在不同的场合反复表明她的观点，她不关心政治，更不关心阶级，她只关心人，每一个具体的人，不管那是一个什么样的人。因此她对人的爱，是没有界限的——不只是超越了种族、国家，更重要的是，超越了宗教。她自己是一名虔诚的天主教修女，但她耗尽一生为之付出的人，绝大多数，却都是其他宗教的信徒，或没有宗教信仰的人。她的平和、宁静总能慰藉那些受伤的心灵，她的耐心足以平息人内心的仇恨，她的爱足以融化所有人心里的冰山。

可以说，将绿色性格的人称为"和平主义者"是绝对的名副其实，他们的一言一行也正体现了他们的性格，正如一段话所言。

稳定地保持原则，忍受惹是生非者的耐心。

当别人说话时，你会聆听；天赋的协调能力，会把相反的力量融合。

富有安慰受伤者的同情心，为达到和平而不惜任何代价。

头脑冷静，有时连你的敌人都找不到你的把柄。

# 第四节
# 荣格性格分类

著名的心理学家荣格通过对内向型性格、外向型性格及性格的思维、直觉、情感、感觉4种功能进行全面的分析和研究后，将一些特殊的性格表现同心理类型结合起来，最终得出了8种性格，即外向思维型、内向思维型、外向情感型、内向情感型、外向直觉型、内向直觉型、外向感觉型、内向感觉型。

## ❋ 外向思维型

外向思维型的人，努力使自己生活在一般社会普遍承认的规范中。这些人不以自己随意的独断作为判断的基础标准，他们的判断具有客观性。他们能出色地把握各种客观的事实和条件，在深思熟虑后做出结论，并使自己的行动理性化。

外向思维型的人，不仅对自己，而且在与周围人的关系方面，不论视为善恶，还是视为美丑，一切都以被赋予理性的原则作为最高标准。这种类型的人在顺应时代的潮流方面极为敏锐和出色。但是，因为过于跟随潮流，他们也给人一种极其新潮的印象。如果生活态度僵硬化，就会给人一种缺乏自由和豁达的感觉。因为这种类型的人大多数位于极端之中。

外向思维型的人因为思考占优势，所以，属于感情的东西被压抑，美的活动、兴趣、艺术鉴赏、交朋友等方面被阻碍和排挤。如果感情过于压抑，在无意识中的感情就会反抗，那么也许会产生连本人都不知道原因的结果。

由于外向思维型的人的理性很强，由理性来主导行动，而且看待和对待事物较为客观，因此，这一类型主要是男性，因为思维作为决定性的功能多数体现在男性身上。通常情况下，当思维在女性身上占据优势时，它来源于心灵中直觉活动的优势地位。

通俗地讲，外向思维型的人属于行动型，在社会中容易获得成功。他们头脑灵活，适合从事政治、经济、顾问、医生等工作，也能成为官僚家。但是，他们在行恶的场所也容易犯罪。这种人想尽力摆脱主观对行动的影响。

## 内向思维型

内向思维型的人与外向思维型的人相同，也追求理念，只是其方向相反，不是向外，而是向内。这种人善于在自己的内心构筑并发展理想的世界。总是富有积极性，不会因麻烦、危险、被视为异端或唯恐伤害别人感情等理由而停滞不前。

然而，内向思维型的人却不善于把其理想付诸实践，很多人的实际能力不太出色。因为他们常常忽视客观存在，而是为理论而理论。其追求理想的方法主观、固执，并不接受他人的意见。

对待周围的人，内向思维型的人只是消极地关心，甚至漠不关心。因此，别人感到自己像讨厌者一样被他们拒绝。他们一般给周围人冷淡、任性和自以为是的印象。因为他们对来自他人的妨碍感到不安，所以，他们对周围的人也会表现出礼貌和亲切，其态度总让人感到生硬。

内向思维型的人容易引起周围人的误解，不擅长社交，也不知如何得到对方的好感。与他们亲近的人会极其赞赏他们这种人的亲切态度和丰富的内心世界，但与他们疏远的人，却认为他们冷淡、难以取悦、难以接近及妄自尊大。但他们并不是骄傲自大，在构筑内心理想方面有勇气，敢于大胆地冒险，只是在同外界现实接触时，就怯懦、不安、想法设防。不愿自我吹嘘是他们的美德，因为他们本来就不在意别人对自己的评价。但有时遇到非常理解的人，反而立即给予对方过高的评价。

一般来说，内向思维型的人的头脑非常聪明，但不是为了成就一番事业，而是为了满足内心的需要，所以在社会上并没有成功，是典型的孤芳自赏型。德国哲学家康德就属于这一类型。同外向思维型的典范达尔文相比，前者注重主观因素，后者依据的是客观事实。康德把自己限定在对知识的评论上，而达尔文善于对极为丰富的客观现实进行探讨。

在内向思维型的人看来，金钱、地位、名利不是最重要的，最重要的是自己内心的问题。这一类型的人在数学、物理等领域能取得很大的成就。从某个角度看，他们可能成为极富情感的人。

## 外向情感型

外向情感型的人，女性占绝对多数，都想采取任随自己感情的生活方式。其感情比较顺应周围的状况，她们的价值判断也同样。例如，其他人对人或事物做出是"好"是"坏"的评价，自己一般不做出评价。而普遍人如何评价的，也就单纯地认同。所以，这一类型的人较随和，在人群中可形成和谐的气氛。

最能清楚地表现她们性格特点的是选择结婚对象方面。女性在择偶时，不光看他的身份、年龄、职业、收入、身高、家庭环境等，还要看是否符合自己的要求。与其说是自己喜好，不如说是符合社会标准。而这一类型的人，由于其感情机能占优势，所以，思考机能就被压抑。

但思考机能并不是不发挥作用。只是，这一类型的人的思考不是为思考而思考，而只是感情的附属品，是为服务于感情才发挥作用的。

如果外向情感型的女性过于顺从，就会丧失感情中富有巨大魅力的个性。不仅如此，还使人感到浅薄、玩弄花招和装模作样。在第三者看来，这一类型的人的主体性完全埋没于感情之中，刚才是这种感情，而一瞬间又变成另一种感情，难免给人见异思迁、变化无常的印象。

荣格认为，外向情感型的人善于判断周围情况，在社会上起主角的作用。不过，由于对外界过于适应，反而对自己不利。他们经历某种分化后最终与主观修饰相分离，内心变得十分冷漠。虽然有非常美好的理想，但往往还没计划好就盲目行动，所以后果不堪设想。

## ☀ 内向情感型

这一类型的人的感情发展程度从外部很难窥知。少言寡语、难以接近、遇到粗野的人就立即躲开。因此，在旁人看来，是沉静、彬彬有礼及性情深不可测的人。有时也被认为是忧郁的人。但如果对他人过于回避，就会被人猜测为：这个人对他人的幸福和不幸都持事不关己的心态。事实上，这一类型的人对初次见面或毫不相干的人，不会表现出热情欢迎的态度，而是采取冷淡或拒绝的态度。总之，他们对外界漠不关心。

内向情感型的也不是没有业余爱好，或没有被令人兴奋的事情和人物所吸引的时候。在那种情况下，这一类型的人一般采取善意的中性态度，或根据情况的变化，也表现出轻微的优越态度或批判态度。因此，给人高高在上的印象。如果是女性，即使受到激情的袭扰，她也会冷静地按捺、克制自己的激情。

内向情感型的女性，想使自己与对方的感情停留在平静、均衡的状态，而禁止过于激越的感情。所以，在陷进去之后，就刹车并开始轻视对方。在这种情况下，只看这一类型的人表面的人，就会轻易地认为他们"冷淡"或毫无感情。但是，这种估计有些偏激，他们只是抑制和不表露感情，而内心却蕴藏着热情。

内向情感型的人富有同情心，一旦同情某人就不是表面上的同情，而是极为深切的同情。由于这种同情过于深切，所以就像自己的事情一样感到悲哀，他们会毫不虚假地安慰、鼓励对方。但由于他们对某些人或事物什么也不表露，所以周围的人，特别是外向型的人认为这种人非常冷淡。但是，有时他们深切的同情会溢于言表，并做出令人惊奇的、崇高的或自我牺牲的献身行为。

荣格通过研究发现，女性中多出现这种明显的内向情感，用"静水则深"来形容这类女性十分贴切、真实。许多这类女性性格文静、沉默寡言、较难接触、难以捉摸；她们往往表现出一种幼稚、可爱或平庸的样子，显得自己毫不出众，甚至看上去显得很忧郁。她们的主观情感掌握了自己生命的支配权，真实的动机被挡住了，所以她们显得不太真实；她们和谐的举止并不会引人特别注意，但她们富有爱心，经常参与慈善活动。

她们与人相处很和睦，容易与他人产生共鸣，但不会去关心他人的感受和幸福，不想用任何方式或态度去打动、影响他人，或让其按照自己的意愿去做。

可以说，内向情感型是这八种性格中最中庸的一个，当出现某类能让人迷失或激起热情的东西时，内向情感型的人往往会采取保持中立的态度，既不肯定也不批评，有时还会用一些优越感的力量给那个导致敏感的因素一些打击。

## 外向直觉型

外向直觉型的人，具有把握隐藏在客观事实深处的可能性的能力。他们认为，重要的不是现实，而是可能性。所以，这种人不断地追求可能性，感到日常安定的生活环境像监狱一样令人窒息。

一旦热心于追求可能，他们就会显示异常的狂热状态。但是，一旦看到没有再飞跃发展的希望时，就立即冷淡下来，或干脆放弃。例如，对某项事业的计划简单地认为"这个计划将来有希望"，对自己的直观能力很自信，所以，就勇往直前。从这个意义上讲，他们是冒险家。当他们的事业走上轨道，趋向安定之后，一般人认为继续从事这个事业更为安全有利，但这种人却想转向别的工作。

由于这一类型的人不尊重周围人的观点、主张和生活习惯，为此，有时被看作是不道德、冷酷、鲁莽的人。在企业家、商人中，属于这一类型的人有不少。但是，这一类型的人，女性比男性多。女性的直观活动能力，与其说在职业方面，不如说在社交的舞台上。这种女性具有利用一切社交的可能性，去与有势力的人结交乃至亲密接触的能力。在选择交际或配偶方面，她们能敏捷、迅速地寻找到有前途的男性。但是，如果出现新的其他可能性时，迄今所得到的一切，她们就会全都放弃。

外向直觉型的人自认为有特殊的道德观，重视直觉的观点，并信服直觉观点的威望，不关心他人的事以及他人的想法，更有甚者对自己的安全状况也毫不关心。由于从不崇拜任何人，因此经常被认为是高傲、冷淡、失德的冒险家，他们对外界客观事物的关心，寻找对外界的可能性，就预示着他们对任何一种职业都怀有极大的兴趣，很乐意将自己全身心地投入到此项工作中，并将自己的才华运用到每个方面。

能够观察到事物本质和事物的可能性的外向直觉型，如果才华横溢，将会在新商机中取得成功。许多企业家、投机者、证券人、商业大亨、文化经纪人、政客等均属于这类人。

但是，由于直觉是低级功能的感觉，所以这类人反应较迟钝，因平时不注意自身的安全，而导致疲劳过度，易患心脑疾病。所以这类人不要只顾眼前而不为将来着想。

## 内向直觉型

内向直觉的特殊性质如果处于优势，就会有一种特殊类型的人产生，也就会有神秘莫测的幻想者、预言家或幻想的狂人和艺术家。其中艺术家被看成是这一类型中的正常情形，因为这一类型的人有把自身局限于直觉和知觉特性之间的倾向。知觉是直觉者的主要问题，那些具有创造性的艺术家也是如此，知觉也成了形塑的主要问题。爱幻想的狂人由于是这些灵视的观念所描绘与限制出来的，因此满足于灵视的观念。

个体与真实之间强烈的疏远是由直觉的强化所导致的，这使得他在生活圈子中变得像个"谜"一样的人。他如果是一个艺术家，就能在艺术领域创造出许多新奇古怪的作品，这些作品中既有色彩斑斓的，又有琐屑无聊的，还会有可爱的、怪诞的、狂妄的……如果他不是艺术家，将会是一个得不到赏识的天才，一个"走错路"的人，一个聪明的傻子，或是一个"心理"小说中的角色。

这一类型中直观性一般程度的人，给人不愿意与现实接触、也不努力适应现实的印象。对这种人来说，无论现实怎样都无谓。事实上，外界的人物、事物及其一切对这一类型的人来说都不过是刺激。

自己本是社会的一员，但作为社会的一员会给周围的人带来什么影响，他们对这种意识非常淡薄。所以，在外向型的人看来，这种人极度轻视世俗的事物。

一般而言，这种人给人的印象是腼腆、客气、缺乏自信、不知如何是好。与人交往时，则生硬、笨拙和不善表达，所以，显得缺乏趣味。可是，这一类型的人，与"内向感觉型"相同，不少人有丰富的内心世界，蕴藏着用语言难以表达的优秀品质。

## 外向感觉型

愿意生活在现实之中，却没有支配欲望及反思倾向的人属于外向感觉型的人。他们希望可以经常地拥有感觉，察觉客观事物的存在，还要尽可能地享受感觉。他们具有追求欢乐的能力，注重现实带来的快感，但并非不可爱，反而是一种很好的伙伴或对象。他们是生活中的"乐天派"，视觉和味觉非常灵敏，有时是位颇具审美功底，在设计和厨艺等方面都很出色的人。很多时候，他们会把很重要的事情放在一旁，甚至可以为晚餐是否丰盛这样的问题而绞尽脑汁。当客观事物带给他们所想要的那种感觉后，他们对那些客观事物就再也没有听下去或看下去的兴趣了。但这些客观事物必须是具体的、实实在在的，或是超越具体性的推测但能增强感觉的。

有时感觉的强化并不会使他们自身愉悦，他们也并不在意，因为他们只渴望得到这种单纯的感觉，而不是官能刺激。

然而，与"外向思维型"不同，这种人不以原则和理念规范自己，也不追求理想。重要的是现实，热爱、喜欢现实。因此，他们非常好客，愿意热情招待，谈笑风生。约会时，不会使对方感到无聊。服装和随身用品都很讲究。但是，如果采取过于拘泥于现实的生活态度，就给周围人爱讲排场、虚荣心强的印象。

一般来说，这一类型的人不把道德放在首位，这绝不是不道德。他们不要被道德之类的东西所束缚的痛苦生活，他们要活得自由奔放。

但是，如果无意识的反抗增强，在日常生活中，就会带有比道德、宗教更强烈的迷信色彩，或把烦琐的仪式引入生活。除此之外，还有不少人表现出极端固执的生活态度。

## ☀ 内向感觉型

所有内向型的人都有远离外部客观世界的倾向，内向感觉型的人也不例外。他们对外界的一切事物都不在意，不管别人说什么都听不进去，只是沉浸在自己的主观感觉之中，把自己的审美意识当作人生的追求。他们往往只关注事物的效果及自身的主观感觉，对事物的本身一点儿也不在乎，大多自我感觉良好，多数艺术家就属于这一类型。

荣格提出，内向感觉型是一种非理性类型。这一类型的人对偶然发生事件的态度，总是被所发生的事件牵引着走，而不是从理性观点上出发。从外部看，他们无法预测将有哪些事情发生，因此，只有当一种与感觉力量相等的机敏表达出现时，这类人的非理性才会恍然大悟。

不善表达是内向感觉型的人的特征之一。这一特征将被他们的非理性挡在身后，然后通过冷静或消极的行为，以及对理性的自我抑制的形式来表达这种非理性。

这一类型的人认为外部的世界与自己丰富多彩的内心世界相差太远，他们有时在内心构建一个神奇的世界，在那里，人、动物、山河都是半神半魔的样子，尽管他们自己不这么认为，但那些东西已进入他们的脑海，并在他们的判断和行为中被充分表现出来。除了艺术之外，他们感觉没有能使他们施展才能的空间。外人认为他们沉默、安静、自制、随和，其实他们的思想和情感十分贫乏，是个非常单调的人。

当然，内向感觉型的人，如果具有出色的表现能力，就会成为主观表现欲极强的艺术家。可是，通常这一类型的人不仅不具备这种表现能力，反而不善于表现。因此，在第三者看来，他们具有谨慎、被动、平静及理性的自我抑制等特征。

但是，如果仔细观察，就会发现这一类型的人所采取的主观态度令人感到奇异，给人一种无视周围的人和事，无视外界的感觉。有时，他们也能接受、理解外部的信息，并反映在自己的行为方式上，但外界的作用并不能到达本人心中。程度更强烈时，其感觉、方法和行动，都脱离现实，体现出一种真正的奇特。而且，这一类型的人并不强迫周围的人理解并承认自己的感觉方式，而是满足于自己封闭的世界，满足于平衡而温和地与外部现实世界的接触。

因此，这一类型的人一般对周围的人不会造成伤害，但容易成为他人攻击和支配的牺牲品。由于他们不太关心他人怎样对自己，所以，即使被不适当地对待，也容易听之任之。即使被别人颐指气使，也会甘心忍受。但有时，他们也意外地发挥其反抗和顽固性，以发泄自己的愤怒。

这一类型的人，由于易采取独自生活在幻想世界的生活态度，所以会脱离现实，强行推行自己的要求并开始使其发挥破坏性威力。一旦达到极端，就与"外向感觉型"一样，拥有极为顽固的生活态度。

扫码获取更多资源